愿你的生活，
既有软肋
又有盔甲

李月亮　著

读者出版社

成熟是

一种明亮而不刺眼的光辉,

一种圆润而不腻耳的声响,

一种不再需要对别人察言观色的从容,

一种终于停止向四周申诉求告的大气,

一种不理会喧闹的微笑,

一种洗刷了偏激的淡漠,

一种无须声张的厚实,

一种能够看得很远却又并不陡峭的高度。

——余秋雨

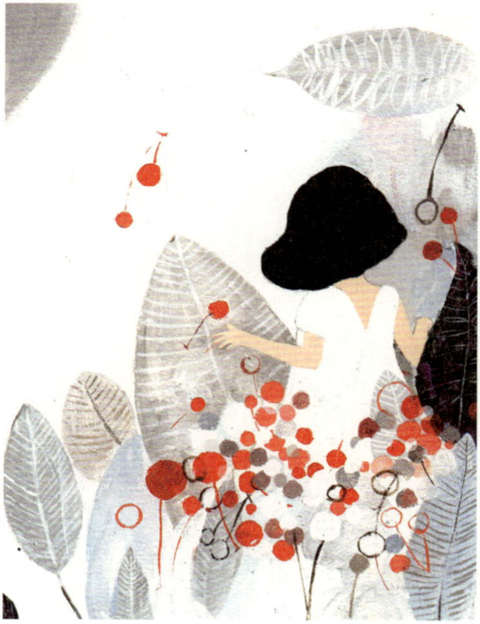

Contents
目 录

01 美人的美，在美之外

- 002 人生需要盛大时分
- 005 不怪他看不见，怪你不够亮
- 009 总会晴的，还会爱的
- 013 美女的美，在美之外
- 017 买得起奢侈品是一回事，配得上是另一回事
- 020 卖格珍贵，请注意保持
- 023 你所淘过的一切，都将成为呈堂证供
- 027 小心，别让妆花了

02 生命中那些挣扎，可以让你变得更坚强

- 034 人生总有些惊心动魄的遗憾
- 039 把爱情当爱情，把事业当事业
- 043 井里的灵魂
- 048 不要事事求公平
- 053 死结
- 059 朝梦想扑过去
- 063 天下有怀才不遇这回事
- 073 是勇不是剩

03 主动选择自己想要的生活

078 自从有了朋友圈，三观就没端正过
081 美好的朋友圈，还有另一半真相
086 生命中最重要的那一天
091 树洞，树洞，人人需要倾诉
095 主动扔掉酸樱桃
099 我们不该让"书呆子"太尴尬
104 "等"自然比"追"容易
108 盯住眼前的小幸福

04 恋爱的智商

114 摧毁是更大的慈悲
119 爱情的终极渴望
122 恋爱的智商
125 愿你学会，笑着低下头
133 在朋友外面，在家人里面，在爱人身边
138 享受工作带来的成就感
142 如何做温饱富足的小女人
145 谁的爱情不沧桑

05 成熟的爱情

150 把女人训哭的男人，把男人闹服的女人
153 好好先生L君
156 别人家的女人
160 文艺大妈
164 若爱过必留痕迹
168 性格差异都是浮云
171 依然爱你的七十岁
175 很多情人的情人节
178 米歇尔凭什么嫁给奥巴马
182 别娇情了姑娘，你付出的，其实都是为了自己
186 莫斯科不相信跌宕起伏

06 好东西，都是有余味的

190 老爸的空间
197 不碰手机之交
201 小艾是好命
208 小孩儿啊，你慢些跑
212 这是一个调皮的季节
216 有些福气，是这辈子修来的
220 好东西，都是有余味的

07

处世——不要那么敏感，也不要那么心软

226 饭局必须存在
229 闭嘴是一种惩罚
232 过度应激时代
235 看得太透，你就会变成世界的孤儿
238 你们这些坏人

242 人要是蠢，就千万不能坏
246 三岁思维
249 在办公室藏个男闺蜜
253 真相有许多个
256 懂了这个词，不成大师，也成大业

08

愿你的生活，既有软肋又有盔甲

266 不成瘾，不算爱
270 干吗非要成体统
273 赞自己，挺好
277 鸡汤没有告诉你
281 所有的狠心绝情，都有充分理由
285 绝无必要的优雅
289 不约的智慧
292 愿你的生活，既有软肋又有盔甲

美人的美,在美之外

01

人生需要盛大时分

小学时候，有段时间我的语文老师病了，体育老师来兼，当时正好学李白那首《夜宿山寺》——危楼高百尺，手可摘星辰。不敢高声语，恐惊天上人。面对我和小伙伴们好奇求知的目光，体育老师用一句话就搞定了整节课的内容，他说，楼太高，吓得都不敢说话了。我们都笑，他也笑，得意地说，我这么说你们就都懂了吧？古人就是啰唆，挺简单的事，整那么复杂，累不累啊。

然后整个小学，我们班同学都恪守着体育老师的文学思想，把所有学到的诗词都进行简单粗暴的总结。"床前明月光"那首，就归纳为"看到月亮，想家了"，"好雨知时节"那首则被说成"昨晚下雨了，没听着"……直到上了高中，读到李清照的"寻寻觅觅，冷冷清清，凄凄惨惨戚戚"，才惊觉有些复杂无法简单化，因为复杂里头有一种叫

"美感"的东西，一简化就丢了。回头再读从前学过的诗，不禁愧疚满怀，真是辜负了诸位大诗人的美意。

大概是因为被体育老师伤过，后来我对极力求简的行为总有所质疑，尤其在这个事事追求简单便捷的时代。不可否认，很多简单的东西的确也是美的，有营养的，令人愉悦的，但简单永远不能完全代替复杂，比如诗歌，比如戏曲，比如建筑，比如习俗，太多太多的东西，都要在繁复的、悠长的、起承转合的过程里，才能表达出无尽的美意，彰显出其隆重、盛大、非同寻常。

半年前我一好友结婚，她在请柬上毫不客气地要求我们穿高跟鞋和礼服，严格规定我们几点到场，从酒店的哪个门进，我对这种无礼要求感到生气，当时就打电话过去，骂她神经病。她体谅我对高跟鞋和礼服的恐惧，但还是坚决要求我必须如此穿戴。

万般无奈，那天我跟另一好友穿得跟俩新娘似的就去了。结果发现幸好准备充分，否则都不好意思进门了——从酒店大门到礼堂，要经过一个小广场，人家在那铺了红毯，宾客都跟电影节的明星似的，要在围观亲友中款款走过，要留影，要在签名板上写祝福……拉风极了。而整个典礼更是繁复隆重，各种仪式各种讲究，足足折腾了两个多小时。我和同去的好友开始还撇嘴嘀咕，骂她自找麻烦，但进行到最后，我们不得不承认，这才叫结婚，才叫一生一次的托付。然后各自回想起自己的婚礼，都觉得太潦草了，潦草得简直不想去回忆。

可见虽然人都怕麻烦，但有些麻烦不能省，得折腾处且折腾，大事就是要有个盛大的仪式，没有纷繁复杂耗尽心力，大概就不能切身体会其重要性，就不能给人生留下浓墨重彩的一笔，日后就不知道珍惜和维护。

那婚礼我到今天还记忆犹新，感受比自己婚礼还深刻。

人生不能总按照体育老师的思维前进，必要的时候，必须有点《红楼梦》的精神。

不怪他看不见，怪你不够亮

C小姐兢兢业业做了五年银行柜员，去年忽然狗屎运爆棚，年初转为客户经理，年尾就升职成了行长助理。而且这个助理干得还不赖，人气和收入都直线上涨。但这还不是最让人开心的，作为一个大龄单身女，她欣喜地发现，那些从前都没怎么拿正眼看过她的男人，开始一筐一筐地给她送"秋天的菠菜"，从前深感高攀不上的男人，现在都能扒拉着挑了。真是忽如一夜春风来，千树万树桃花开，让人梦里都要笑醒了。

照风水师的说法，这是事业运一动，连带着桃花也动了。其实这样的风水师我也会当，事业风生水起，爱情跟着水涨船高，自然规律嘛（不包括bitch和纯女爷们儿），跟有钱了就能买大房子一样的道理。你没准还记得，上学时偶尔考个第一名，全班男生对你说话都温柔了——人性就是这样。

这么说好像挺给爱情抹黑的。文艺少女们想必在暗暗撇嘴翻白眼了,切……庸俗。确实庸俗,我必须承认。遗憾的是,世间的一切都是建立在庸俗的基础上的,爱情尤其是。就像再美的莲花也是长在泥塘子里的,越美的大白莲花,底下的黑水糟泥越厚实,你要非把它想象成无依无托腾空而起,并以为那样才真叫美好,真叫神圣,真叫不负你心,那结果只能是,剩在家里。

C小姐过去也是文艺的,也深信某位命中注定的同志正骑着自行车拿着放大镜,在人群里急切地找她。她也一直努力出现在各种可能遇到他的场合,期待一场一见如故得宛若久别重逢的相遇。可惜她等到三十岁,还不见人影,反倒是升职加薪迈上更高台阶了,他们才成帮结伙地来和她相认。

——那些共事了好几年的男人,可不是头一天才认识她。他们一直盘旋在她身边,瞪着炯炯有神的大眼睛如狼似虎地寻找猎物,却始终没打过她的主意。

但也不能只怪男人瞎。应该这么说,女人都是明暗不等的发光体,而男人是感光性不等的飞行物,他只会扑向看得见的光源,所以如果你不够亮,就算近在眼前,他也看不到,他可能每天围着你转八百圈,或者都撞你身上了,却还是拍拍屁股走了。这叫无缘对面手难牵,急死你。

C小姐的故事告诉我们，若想身边桃花开，首先得让男人看见你，这就要求你必须尽己所能地放出最大的光，至少，得满足你想吸引那部分男人的感光度。只要你灯火通明亮起来，他自然义无反顾扑过来，这不是势利，是人性的本能。

至于怎么亮，那就是小鸡不撒尿各有各的道了。像C小姐那样走事业路线可以，像大多数女孩那样走自我包装路线也行，独辟蹊径走林黛玉或者小魔女路线也未尝不可，总之要瞄准目标飞行物的感光度和感光特点，发出足以抵达他那双近视眼的光，一举闪瞎他最好。

风水网站上，总有女人在可怜巴巴地问什么旺桃花，也总有大师孜孜不倦地助人为乐，说什么水晶啊！玫瑰啊！红线啊！言之凿凿、有理有据，但我还是持怀疑态度。你说一个黯淡无光的姑娘，戴上个水晶镯子就能运势大转，早上一到公司楼下就被董事长儿子一把拉上宝马？我想恐怕拉上去看看不对劲也得再放下来，别说是个镯子，就算迷魂药，药力也撑不了多久吧。外物终究是外物，对人的提升有限，倒是你自己身上的光，会经久不散。

所以桃花实在不来的话，不如先修修别的方面，先想办法让自己亮起来。事业好了，形象好了，谈吐好了，甚至健康好了，都可能让你焕发光彩，也就能让更多男人瞧见你，桃花自然也就跟着开了。所谓的职场得意情场失意是比较少见的，职场得意，情场多半就会得意，不得意也是暂时的，迟早会得意。

总会晴的，还会爱的

七年前，毛毛跟第三任男友分手，痛不欲生，老想着自我了断。我日夜看护她，累得几乎吐血——比带孩子累多了，因为她有成人的智慧，我要跟她斗智斗勇，要时刻确保她在我的视线范围内，包括如厕——有一次她说要上个大的，结果在睡衣里藏了根绳子，一进卫生间就挂在了浴室横梁上，幸好被我及时发现，才救下她一条小命。至今还记得，那时候她几乎总处在热泪盈眶的状态，眼睛仿佛饮水机的按钮，稍微一动就哗哗地淌出水来。

我理解她，那男人很优秀，他们在一起的大半年，毛毛死心塌地地爱，死心塌地地付出，拼命做出最好的自己，去全面赢得他，可他还是被一个更优秀的女人给拐跑了。

毛毛做了很多努力也没能把他拉回来，当她明白他们的爱情彻底死了，那些好时光彻底结束了，她也就彻底绝望了。

我不断用"好男人有的是"这样苍白又正确的真理劝慰她，她则反复说不可能再遇到更好的人了，也不可能再这么投入一场爱情里，她的心已经死了，活着也是行尸走肉。

好像所有被甩的人都说过类似的话，有过类似的想法，都或长或短、或深或浅地行尸走肉过一阵子，但好像所有人最后都缓了过来，都又重新活蹦乱跳。

毛毛也一样，要死要活了一阵子后，她从沟里爬了出来，又开始工作，逛商场，谈恋爱，然后又失恋，又恋爱，终于结婚，到七年后的上个星期，生了一个肥嘟嘟的女儿。

她在微博里晒一家三口的幸福合照，特别圈了我。我又开心又激动又感慨，千言万语汇成两个字回复她：哼哼。算作对当年为了拽回她的小命所付出的辛苦的发泄。她心知肚明地回我说，今日不知明日事啊。

是啊，那年的她怎么能预料到今天的幸福？在无边的黑暗里怎么能相信前面一定还会有曙光？

人说失恋的女人是劝不好的，能解救她的唯有足够长的时间和足够好的新欢。此话很有理，只是那些心灰意冷的人，往往认定不管多么长时间，都不会再遇到更好的新欢，所以赖在死胡同里不肯出来。

我想失恋者最痛的心结，也许不是某个人的离去，某段感情的猝死，而是对未来再也找不到那么好的人的恐惧——当初之所以选择他，一定就是因为他是你最称心的一位，你身边的其他人，要么比不上他，要么跟你没可能，所以当他不由分说走掉，你放眼望去，很难找到更好的替代者，于是便产生了强烈的错觉——再也不会爱上别人了。

感觉不会再爱了。这话听起来像个玩笑，但深陷其中的人会知道其中的冰冷和绝望。

当然，这是一种不正确的绝望。好比你刚刚饱餐一顿，肠肚胀满，当下会产生再也不想吃东西的错觉，多好的美食也不能勾起你的食欲。但凭经验你会知道，过不了多久你还会饿，到那时随便一点什么美味都能让你欢欣愉悦。

只是在感情里，我们缺少这样的经验，不相信这一刻过去后，自己的心会慢慢清空，感情会慢慢打开，视野会慢慢放大，然后便可以在适当的时间，发现另一个适当的人，开始另一段适当的感情。那个新人,也许不比从前那位更帅更有钱,但他带给你的快乐,不会少。

总之,还会爱的。除非你太老或者太潦倒。

所以失恋并不像我们想象的那么可怕,就像身上被割了一刀,会有剧烈的疼痛,但总能复原,会留一道疤,但不会影响生命的质量。当然我们都不希望心上留那么一道疤,所以对每个走进生命的爱人,都要真心珍重,只是当失去不可避免,也不用太过恐惧和绝望,好好把日子过下去,下一个爱人,一定会来。

美女的美，在美之外

一位在美国读博士的男同学新近交了漂亮女友，甚是得意欢喜，常在朋友圈炫。几个女同学忍无可忍，在同学群里组团围攻他：读这么多书还不能脱俗，还盯着女人的外表，还用下半身思考，没救了。

博士大力辩解，说你们想得太简单，男人爱美女，不单是因为她美。

女人们不信，博士就耐心解释。

美只是个现象，他说，这现象固然相当重要，但隐藏在它后面的许多本质也很重要。

比如，因为美，她会具备天然的自信，于是敢于展示自己，商场里最漂亮时尚的衣服，平常女人不敢穿，怕露怯，怕被人看，但美女敢，于是她们就更美，更自信，这是一个良性循环。

再比如，一个能一贯保持美丽的女人，一定也是有智商的，怎么让自己更美是个大学问，在天资以外，还得有许多小花招，必须有相当不错的眼光和品位，不够聪明的自然搞不定。

还比如，美是需要花费精力和代价的，不能熬夜，不能吃火锅吃冰激凌，要坚持运动，要天天敷面膜，这得有很大毅力才能做到，否则天资再好，没有后天的努力维护，一路减分，最后也就泯然众人了。西方人不喜欢胖子，就是因为他们认为胖子没毅力不节制，放弃了自我管理，而美女显然是善于自我管理的。

最重要的，博士说，是一个女人因为美，周遭会充满艳羡和仰慕，这使她很容易从内心里认可自己，于是快乐满足，轻松洒脱，不怨愤不沉重，并由此散发出难能可贵的傲气和贵气，于是她便有了某种气场，这气场，正是令男人心动着迷的东西。

我认真想想，也是这么回事儿。

过去男人抱怨女人只爱有钱人，女人的解释是，一个男人有钱或有地位，必然是因为他身上有某些优秀品质，聪明、坚毅、达观、大气，等等（富二代不算），而钱和地位使他们更加豁达、自信，这样的男人自然比那些整天纠缠在鸡毛蒜皮里的庸常男人更有魅力。所以女人爱的，不仅是有钱男人的钱，更是钱背后那个光芒四射的人。

原来男人爱美女也一样——不止爱那个娇美华丽的表面，也爱那背后珍贵优良的品质。

问题是男人的钱可以通过努力赚得，一个穷得没饭吃的屌丝也可能一路拼杀，成为富豪——至少存在一定的可能性。而女人的美，却基本是生下来就注定了的，老天给了你大饼脸塌鼻梁小眼睛五短身材，若不去整容，你很难改天换地，把自己修炼成让男人一见倾心的美女。

这实在令人心塞。但博士给了我启发——既然男人爱的不仅是美人们的脸蛋和身材，那么不美的女人，可否修炼出美女的其他特质，以赢得男人的瞩目？

比如自信，再丑的女人也必有与众不同的长处，把这长处修炼到极致，给自己一个傲然超凡的资本，可好？

比如智慧，多读点书，多做点学问，多思考点人生，可好？

比如自我管理，保持积极向上的进取心，严格要求自己，可好？

比如眼光和品位，尽量关注当下时尚，虚心向达人们学习，可好？

比如快乐和满足，多寻求生活的乐趣，保持良好的心态，可好？

以上都做到了，想必傲气和贵气自然就有了，气场也就有了。那么就算没有"相当重要"的美貌，至少有了"也很重要"的其他品质，纵不能令多数男人一见倾心，至少能使少数男人心动着迷。

美貌与否，是老天给你的人生打的底色，美女自然可以顺着这个底色慢慢勾描，天长日久，渐入佳境。而不美的若顺应下去，必将使自己在不美之外，又加上卑微，怯懦，消沉，破败——男人又没疯，怎么会爱这样的女人？

所以，与其沉浸在肥皂剧里抱怨"我妈没给我生一张好脸"，控诉男人低俗浅薄只认得胸不认得胸襟，倒不如奋起而追，修得美以外的品质。难是难点儿，但毕竟是条不错的出路。

买得起奢侈品是一回事，配得上是另一回事

跟男人相比，女人的战场要纠结得多。

一般来说，衡量男人成功与否的标准，比如财富、地位，都相对明确，我资产一千万，你一千万零一块，OK，你比我有钱，你厉害。女人就不行了，你柳叶弯眉樱桃口，谁见了都乐意瞅，我朱唇皓齿白玉手，隔壁吴老二看见也发抖。到底谁更胜一筹真的很难说。不只外貌，论温柔，论贤惠，论品味——除了三围，女人的其他特质基本都没个衡量标准。

基本内容不好分出个三六九等，就只能拼"装修"了。这大概是女人热爱奢侈品的最重要原因。都是女人，你穿一范思哲蛇皮裤，我套一波司登羽绒服，这不吭当一下就倒在起跑线上了吗？要证明我比你优越，比你滋润，你提着

2014款铂金包，我怎么也得拿出2015款的来，你有桃红鸵鸟皮的，我就得有水蓝鳄鱼皮的，你有鹅黄的，我还有屎绿的呢。这么一比，高低上下就分出来了，别的不说，起码价格是硬参考。

而就算你自身条件差一点，青菜不够豆腐凑，一件恰到好处的奢侈品也能让你咸鱼翻身，士气大振。这就是奢侈品带给人的精神力量：它一上身，整个人马上就精神抖擞斗志昂扬，站在人群里无端就产生了傲视群雄的荣誉感。

社会学家早有论证：奢侈品不是生活必需品，却能满足人们特殊的心理需要，奢侈品消费的最终指向是心理上的优越感，这是人性本身的诉求。

所以奢侈不是问题，问题是谁奢侈。个人认为，杨澜提个Marc Jacobs包包，李瑞英戴迪奥眼镜，没有一点不合适，因为她们跟这些东西本来就搭，甚至可以说，如果她们都配不上这些大牌，那谁配得上呢？这真不是买得起买不起的问题。业内人士说，很多大品牌猛在中国市场捞钱，但并不尊重中国的消费者，因为大多数购买者对这些品牌的文化几乎毫不知情，完全不懂得买到手的奢侈品真正可贵的地方在哪里，只是盲目地觉得拉风。这就不好了，你巴着往人家口袋里塞钱，人家还看不起你，完了你还不能怪别人，什么破事儿啊！

其实人挑东西,东西也挑人,再好的奢侈品也武装不起庸俗的灵魂来,你整个人从身份到气质到内涵,样样跟不上,就算把小贝老婆最好的铂金包给你,你能拉起风来吗?记得有一次我爷爷说冷,我顺手把我姐的貂皮大衣给他罩上了,然后吧,怎么说呢,反正看着挺离奇的。

你愿意花钱买离奇吗?

好东西人人想要,但买得起是一回事,配得上是另一回事。咱老百姓兢兢业业吃半年咸菜泡面买个LV包包不容易,千万不要自己在心里暗自迷幻,而外人全以为那货是秀水街新品,这不是自取其辱吗?

卖格珍贵，请注意保持

你收到过"跪地求饶书"吗？

我收到过。两封了。这第二封现在就在我手边，昨天来的，和我三天前网购的化妆品一起，一张粉红色小信纸，顶头就是醒目的"跪地求饶书"几个大字，下面称呼我为"尊贵的女王殿下"，旁边画一小人儿，跪地，高举一块"求饶恕"字牌。再下面，是卖家对包裹的迟到和其他疏漏的诚挚道歉，言辞极其恳切，哦不，准确地说，是下贱。

我从头到尾看了这封信，心情复杂。这化妆品是我圣诞节拍的，按说三天时间收到，绝不算慢，而且货品相符，没有疏漏，卖家还细心附送的试用装——都挺好，跪哪门子地求哪门子饶呢？

上面说了，我以前也被"跪地求饶"过一次，那回是买面膜，也是一切都好，我在挺满意的情况下，突兀地看到了那么一封"跪地求饶书"，因为第一次收到，比这次雷得重，看完以后我直犯嘀咕，卖点东西，至于这么低贱吗，太没节操了吧，这种主动把脸皮扔地上给人垫脚的卖家，值得信任不，能提供真正的好东西不？

偏偏那家面膜还超好用，立竿见影，效果非凡，这本该是个惊喜，但出于对卖家的极大不信任，我立刻联想到专家们言之凿凿的"见效越快的化妆品越可疑""很可能添加了激素抗生素""停用就反弹，长期用还可能毁容"……遂用了几次就不敢再用，大半瓶好端端的就过期了，扔了。当然，绝不敢再买第二次。

后来我一直留意那家面膜店，看他们有没有被举报查封勒令关门，但人家始终生意兴旺着，丝毫不见衰退迹象，至今我也不知道究竟是他们骗术高明，还是我判断错误。

昨天这封求饶书的到来，敦促我做了深刻反省，反省的结果是——仍然高度怀疑。

这大概源于我对"跪地求饶"的不良印象：小时候，我们院有个劣迹斑斑的叔叔，常常借人钱不还，有次他们一群大人在我家吃饭，提起他欠钱不还的事，另一叔叔开玩笑地对他说："你现在跪地上给我磕仨头，喊三声'爷爷，孙子还不起了，饶了孙子吧'，你欠那八块钱我就不要了。"不想那叔叔立刻趴在地上，嘣嘣嘣三个响头磕下去，气势如虹地喊了三遍，完了还跪那儿不起来，嬉皮笑脸地问："我再喊三遍，你再给我八块行不？"旁人都笑骂，他却爬起来特得意地说："脸值几个钱？你看我啥也没少，八块钱不用还了。"

我看到那一幕，整个人都不好了，虽然年纪小，无法上升到"尊严""人格"的高度，但心里一直在想"怎么能这样呢"——跟收到这两封求饶书的心情差不多。事实上我也觉得，卖家这种只要赚到钱说什么都行的行径，跟那个无赖叔叔大同小异，都是要钱不要脸的节奏。那叔叔是抛弃了人格，卖家是抛弃了"卖格"。

"卖格"是我想出来的词儿，跟人格对应，人格是个人尊严、价值、品格的总和，卖格就应该是卖家那三样的总和。不要人格的人让人鄙夷，不要卖格的卖家亦同。

做买卖的，追求利益最大化不是错，但总归还是要有底线吧，有事没事跪地求饶，碰上我这样较真的，心里肯定不踏实，总觉得是在跟泼皮无赖合作，好东西也下贱了。

好好做个买卖，何苦自毁呢。

你所淘过的一切，都将成为呈堂证供

我从七八年前开始网购，一年一个台阶发展到现在，连手纸都要在网上淘。我家隔壁的MM也是网购迷，我俩经常互相代收快件，并因此建立起了钢铁般的革命情谊。这让我意识到，要改善新时代冷漠的邻里关系，除了靠孩子，快递也是个利器。

隔壁MM淘龄和我差不多，但劲头比我更足，有次她出差三天，我帮她收了十二个快件，当然，我对此毫无怨言，因为我也曾一次从她家里搬出我的七个包裹。

我俩喜好不同，网购内容也有很大差异，只有一点完全一致——都把淘宝账号密码作为最高机密保管，绝不让除自己外的任何人染指，尤其是老公。作为最亲密战友，老公可以和我们分享很多秘密，但淘宝账号不行，你懂的。

可惜MM前段时间失误了。那天她逛淘宝时离开电脑接了个电话，她老公就懵懵懂懂地打开了她的"已买到的宝贝"，很自然的，他惊呆了，继而愤怒了，随后他们爆发了婚后最剧烈的争吵。我在我家厨房，听到那个男人一连咆哮了几十个"为什么"。

你知道女人的很多行为是连自己也说不清为什么的，比如，MM为什么要花八十八块买一双袜子，为什么花七百块买一个塑料花瓶，为什么花两千块买一个从来不用的美容仪……

那个可怜的男人，他本以为网上的一切物品都是地摊价、假货，就算拍辆宝马也顶多万八千的，所以在相当长的时间里，他很少质疑MM的网购行为，那日一看，终于恍然大悟，敢情MM买的所有东西，都是以"去掉一个零"为原则向他阐述价格的，MM报价十几块的围巾，其实是一百多，号称一百多的耐克鞋，其实要一千多，而传说中一千多的水晶项链，其实是一万多……当然也有相当多便宜货，只是其中至少一半纯属废物。

MM第二天追悔莫及地传授给我一条血的教训，不是告别网购，而是——删掉购买记录。

否则，你所购买的一切，都将成为呈堂证供。她咬牙切齿地说。

我很听话，回去后立刻大肆清理，永久删除了所有有爆点的购买记录。我脑子不好，买东西老记不住价格，本来还超喜欢网购这种事无巨细的天然记录册，但看来果然凡事有利就有弊，它记得越清楚，越可能影响家庭和谐美满，所以从大局出发，删删删。

而且我比隔壁MM更进一步，决定减少网购。

只是人算不如天算，因为淘宝和新浪微博的亲密合作，致使我每次浏览微博时，都有一些美鞋美衣在网页边上闪，全是我在淘宝搜过、有购买意向的，它们在我眼前闪啊闪，闪啊闪，我一忍再忍，忍了又忍，直到忍无可忍，终于放弃抵抗，挪过鼠标，追寻那些美鞋美衣而去，在那个永远逛不完的大商场里流连，最后被它诱惑，顺从下单。

更可怕的是，所有我搜过的东西，在老公上网时，也会在他的网页边上闪啊闪，于是他总能很轻易地了解到我的购买意向，常会冷不丁问我，你又想换手机？孩子衣服还不够穿？

Oh，my god，不但成交的东西会成为呈堂证供，连想法都全部被记录在案，你说这东西还怎么买？

昨天MM说，她一朋友因为网购太疯狂，老公正跟她闹离婚。这事我最近几年好像常在新闻里看到，只是没想到，它已经这么迅猛地出现在我们身边了。

看来这网购还真是这个神奇的东西，它的副产品既包括破坏夫妻和睦，又包括改善邻里关系，这事估计马云也没想到吧。

小心，别让妆花了

一位化妆师朋友常在明星身边工作，我们问她最多的问题就是：那个谁，是真的美？她基本每次都答，真美。这让我们失望：原来不是传说中的三分天注定七分靠化妆，卸了妆就没办法出门。朋友解释说，一般女演员天资都不错，否则也不会进到这个以貌取人的圈子。

大概是为了不让我们失望，朋友爆料说，她们也有丑的时候，就是妆花了的时候。再好看的女星，带妆久了都会花掉，一花，就面目全非，要多难看有多难看。有一次，一个女星去参加电影首映礼，化了大妆，典礼本来时间就长，结束后大家又去消夜，女星一通豪饮，妆花得不像样儿了也不自知，她硬把女星拉到卫生间照镜子，对方一照，吓得大叫——满面油光，腮红和粉底斑驳一片，眼圈是黑乎乎的两大团，口红的颜色扩展了一倍，全然是个女鬼扮相。女星被自己吓坏了，借口不胜酒力，溜之大吉。

这是则趣事，我后来常想起来。

有次我参加一个大型活动，主办方是个小公司，但一切安排得周到合宜，大家都很满意。临走，那公司的老总还客客气气把我们送上车，笑容可掬地道别。本是个大圆满的结束，可是朋友的围巾遗落在了现场，我陪她返回去取。不想，一进门，就见那位一直笑容满面的老总正怒斥他的员工，面目狰狞，脏话咆哮而出，手指几乎点到员工的鼻子上。我们很尴尬，趁他没注意，赶紧退了出来，请一个员工帮忙拿围巾。那员工也尴尬，说我们老总平时也不这样，可能今天活动太重要，他太紧张了。

妆花了，我忽然涌出这个念头。之前那些彬彬有礼温文尔雅，都是这老总为应付大场合给自己化的浓妆，场面过去，精神不堪重负，便露出了比素颜更丑的丑态。

还有一次，我随媒体团去采访一个企业家。两小时的访谈里，他大部分时间在谈文化，说"有文化的企业才是好企业，有文化的企业家才是好企业家"。我暗暗赞赏，觉得这家伙很有境界。访谈结束，企业家带我们去参观他的画室。很大的一间，挂着上百幅书画作品，细看落款，都是名家。我们啧啧赞叹。企业家却不以为意。都是朋友,他说,这里面任何一位,我都可以马上喊来陪你们吃午饭,这帮画画的要不是我们捧着,就凭那点笔墨,谁给他们一尺几万几十万?

我和同去的记者面面相觑,哑然失笑。

妆花了,我想。原来这家伙只是拿文化当化妆品,用来装点门面自我美化,内心里,他没有一点对文化和文化人的尊重。我替文化感到屈辱,更觉得这企业家还不如那些赤裸裸谈钱的生意人。人家好歹是素面示人,而他化了个这么浓的妆,还不小心搞花了,弄得不伦不类,让人别扭。

前不久,我一个家在县城的伯伯有了孙子,我去喝满月酒。那伯伯人很好,在亲戚中口碑相当不错,所以酒宴去的人很多。伯伯兴起,讲起儿媳在市里医院生孩子时的一桩意外:住进医院那天,他准备去买脸盆,结果刚出大门,就被一辆车刮倒了。撞得不重,他只觉得腿有点疼,但既然倒了,他便顺势躺下,假装起不来。开车的是个刚当了爹的年轻人,拉着一家老小准备出院,见撞了人,很紧张,怕刚生了孩子的媳妇着急,急于了事。伯伯见状,说那你给两千块钱吧,我让儿子带我去医院。年轻人二话不说,掏钱走人。等他们开车走了,伯伯自己拍拍屁股站起来，又去买脸盆了。

其实要是在咱县城，我一分钱也不能要，伯伯说，拐两弯都认识，咱不能那样，但市里头谁认识谁啊，不要白不要。

他回味着当时的细节，乐得满脸皱纹都挤一起了。我看着他，不禁又想起那个词：妆花了。

一个一贯隐忍厚道的老人，原来只是为了在熟人前的脸面，为了给自己营造个良好的生存环境，才做好人，换到一个陌生环境，在不相干的人面前，他还是会乘人之危，还会攫取不义之财，并丝毫不以为谬。

也许他本不是坏人，但出于某种生存之道，他不自觉地给自己上了妆，经年累月，越描越重，终于在某一时刻，花掉了。就像那些女星，本来亦美，却因形势所迫浓妆艳抹让自己更美，只是这附加的美很危险，一不留神，反把自己弄丑了。

这丑态很可怕，因为它原本不属于你，又比你的真面貌更丑，却被你挂在脸上，昭示众人，而你竟不自知。

人皆爱美，不论面貌还是行为，而真美难以修得，所以日常都要化个小妆。这无可厚非。只是很多人失掉分寸，将那粉越涂越厚，渐成假面，又不懂悉心维护，常常一时纵情，便把自己搞成了惨不忍睹的大花脸，求美不成反得丑。

还是不要轻易化那么大的妆吧，花掉真的好难看。

02

生命中那些挣扎，可以让你变得更坚强

人生总有些惊心动魄的遗憾

她想买双鞋。要高跟,以弥补不够修长的小腿;还要舒适,得撑住一整天的上蹿下跳;当然,好看也是必需的。转了七八家商场,试了上百双,没一双达标的。舒适又高跟的,都蠢笨;漂亮又舒适的,跟不够高;高跟又漂亮的,走三步就跟跄。

正心灰意冷,忽然看到一双鞋,漂亮的驼色,带防水台,七厘米的跟,但轻巧平缓,穿上后如履平地。她生平第一次为一双鞋心跳加速,迫不及待喊来店员,一问价,傻了,6688,特吉利的数,伹完全超出她的承受范围。

默默放下那鞋,她心猿意马地回到家,一边做活动策划方案一边想着那鞋。真心贵啊,她想,但也真心喜欢啊。

做完策划,她发给客户。对方很快回复:正合我心。

她笑。想到那个男人在百忙中第一时间打开了这份并不紧急的策划,心里泛起缥缈的暖意。

这是他们第三次合作了。前两次都皆大欢喜,他拿到她的第一份策划时,就递给身边的助理,说,你看,这才叫策划。

那是她第一次去他办公室,不大的一间,安适雅致,养着高高矮矮的绿植,墙上有几幅好看的静物油画,是他自己画的。他们讨论了即将举行的活动,也聊了对行业前景的设想,还谈了艺术。

聊得很high。他讲话井井有条,有超乎年龄的沉稳睿智。她有一瞬间觉得好笑,那张像大学生一样年轻的脸,与隐藏在底下的睿智实在不符。

临走,她指着走廊墙上的领导合影打趣说,你的照片和谈吐对不上。

他笑:我恨我这张脸,有时候真想画几条鱼尾纹上去。

她回去后就加了他微信。翻看他的朋友圈，愈发觉得这男人的心性品位十分不俗。而第二天一早，她看到他在她半年前发的一条朋友圈上点了赞。

也许有些东西的确是相互的。比如欣赏、认同、关注以及爱慕。

后来在活动上，她远远看着他，像一只猫看着鱼缸里摇曳生姿的金鱼。他也频频看向她，远远地向她微笑致意。

心就是从那时起收不住的吧。一扇门呼啦啦地打开了，大团的蒲公英从里面飞出来，柔软、梦幻。

很快有了第二次合作，她第二次去他办公室。敲门进去，他看见她，眼神倏忽一亮，嘴角旋即抿出笑意，说："是你呀。"她看着他，打心眼里觉得跟这个人很亲近很亲近。她遇到过那么多男人，却是头一次生出这样的感觉。

那天回去，她接到通知，赴日留学的签证下来了。她一时间有些无措。准备了那么久，也盼了那么久，真拿到了，却有淡淡的失落在心里回旋，所到之处都是他的影子。她打开微信，点开他的头像，好几次想说点什么，终于还是放弃了。

在看到那双6688的鞋的第二天，她又见到他。一大桌子人一起吃饭，他的目光不时飘过来。一碰上她的，又赶紧飘走。

饭后，他送她回家。她在坐上他车子的瞬间，有强烈的冲动想说点什么。正待开口，却忽然看到后座上有些大照片，幽暗的光线里，隐约可见是个风姿绰约的女子。他状似漫不经心地说，是我的婚纱照，下个月我要结婚了。

她诧然，停了一会儿才轻声道："噢。"

他微微点头，也很轻地说了声："嗯。"像在回答她的一个疑问，也像告诉她一个决定。

所有的可能性，就在这样一个"噢"一个"嗯"里，终止了。

那天深夜，他在朋友圈转了篇题目是"人生总有些惊心动魄的遗憾"的文章，并附言，狠下心，假装没看到那完美。她转了那文章。他在凌晨一点给她点了赞。

第二天下班，她又去看了那双鞋。店员小姐一再地劝："真是特别精致的鞋呢，真是特别适合你呢。"她说我知道，可是，也真是太贵了。

倒也不是拿不出6688块，只是，生活还有别的花销，把这么一大笔钱砸在一双鞋上，实在不算理智。

走出那家店，她想起他的话。是的，有些时候，你不得不狠下心拒绝，不管多清楚它的完美，不管多么想得到。因为生活不只需要一双鞋。

生活也不只需要一场爱情。

现实使人理智，理智使人懦弱。她不敢把多年的辛苦坚持清零，奋勇离开之前预设的轨道，孤注一掷到一段未知的完美上。想来他也不敢。

也知道万水千山寻找的艰难和金风玉露相逢的可贵。但她不是土豪，她的人生也不够豪，承担不起这双太昂贵的鞋，和这场太昂贵的爱。今天固然可以任性疯狂，但口袋空空的明天，谁为你买单？

人生有太多的身不由己。太多时候，面对正合心意的美好，你貌似有选择权，却只能狠下心，放下它。能做的，也唯有默默记下，那惊心动魄的遗憾。

把爱情当爱情，把事业当事业

我人生的第一份工作是在一家杂志社。至今犹记，终审面试那天，我最后一个离开，站在社长和人事处长后面等电梯。他们没注意到我，闲聊。社长说："又都是些女的。"人事处长说："没办法，一千份简历八百多女的。"社长说："我真厌恶女的，干工作跟谈恋爱似的，没职业精神。"

那时候我初生牛犊一头，多清高啊。虽然对大老板一腔敬畏，心里却暗暗不服，心想这是赤裸裸的性别歧视啊，女的怎么就差啦，女的细致敏锐更有亲和力、感知力、生命力，女的更会找到冰箱里的牛奶，优势大着呢！你们没发现罢了。

当然，潜意识里肯定还活跃着一个"让我做给你们看"的想法。唉！你们别啐我啊！

后来我工作也确实挺努力的，进步很快，薪水也不错，只是干了不到一年，我就跑路了。你问为什么跑？我真说不清。就是觉得环境不理想，觉得领导都挺差劲的，比如明知我发烧还非让加班干一大堆活，有两个女人因为跟领导不明不白而常常不劳而获又横行霸道，我干活最多却不落好还被那俩女的欺压……总之就是觉得单位特对不住我。而在我前后，编辑部因为差不多的原因走了三个女编辑，当时我们每天除了基本工作，干的最多的事情就是凑在一起嘀嘀咕咕地抱怨，发泄各种不满。只是就像马云说的，抱怨就像喝海水，越喝越渴。最后渴不能耐，只能跑路。

当时我们编辑部就两个男的，他们很少参与我们怨妇联盟的声讨，自然也就没受我们的毒害，坚持了很久。后来其中一位辞职时，我幸灾乐祸问他："终于受不了啦？"他说："哪儿啊，爷是有了更好的去处。"我想起以前在那里受过的委屈，又跟他一通扒拉。他象征性地安抚了一下我，然后说："你们女的，就是对鸡毛蒜皮的小事太较真，干工作又不是谈恋爱，得多看职业环境而不是个人感受。"

——跟面试那天社长在电梯间里说的话基本吻合。这让我不得不陷入自我反省，然后不得不承认，人家说的好像有道理哦！

而今天，在又经过十年反省之后，这道理终于更加明朗：工作就是必须要做的，它不是用来抚慰我保护我和我相依为命的，也没有义务哄我高兴陪我伤心避免我受到伤害，我可以爱它，但不能强求它爱我，我可以在它身上寄托感情，但不能要求它以同样的深情厚谊回报。

就像如果我是个画画的，我能要求每幅画都对得起我的辛苦吗？画不好你怪谁啊？

可惜女人多半都不这么思考。我们天然地要求在感情上收支平衡：我这么能干，凭什么他们吃肉我喝汤？我付出这么多，为什么那个啥也不干的比我受宠？同为员工，凭什么我像个保姆而有些人却像姨太太？哦……太委屈，还爱着你，你却把别人拥在怀里……

因为这样的委屈，就算事业并没有辜负我，就算我拿着薪水实现着人生价值还在不断成长进步也不行，老娘不爽，就是要跟他们分手。

于是就分，分了再找，找了又分，直到最后发现所有单位都一个样。

但你可别以为女人总是这么一副不知进退的死德行，在爱情里头，大家可个个是拼命三娘，只要遇上合适的男人，势必都会拿出锐意进取、不畏艰险，刀山火海都敢下的"虎劲儿"，不把男人彻底拿下决不罢休——当然，有的男人拿不下，或者说你越猛攻他越死守，所以悲情女子层出不穷。

这悲情多少有点自找的成分，但天性使然，自然规律很难忤逆。甭说咱平常小女子，张曼玉谈个德国小男友，还甘做全职主妇五年不接戏呢，更别提那些嫁了人就隐退，专门相夫教子二三十年不露面的明星们。人们管这种把爱情当事业经营的女人叫"爱情疯牛"，这种行为不好评判对错，因为疯得值不值，很大程度要看男方的表现，朱丽倩疯对了，林凤娇就……待定吧！而疯错了的那是一抓一大把，于是中老年女人，以怨妇居多。

我可不想当怨妇，所以回过味儿来以后，一直在努力把自己往正道儿上赶，怎么算是走正道儿呢？特简单：就像男人一样，把爱情当爱情，把事业当事业。当然说起来简单，这个劲儿其实非常不好拧。心里再明白，到了事上还是错。

好在只要调整过来一分，就会有一分的收获，也就离怨妇更远一步。

尽量理顺吧。

井里的灵魂

那段日子我情绪很坏,整个人快被焦虑压垮了——并没有什么大事发生,就是一桩桩小事,让我陷入了忧虑的泥潭,拔不动腿。我很想找个人聊聊,但环顾四周,没有一位合适的交谈者。碰巧此时,一个外地的好友说要过来出差,我不禁满怀期待,像个抱了一大堆垃圾的人终于找到了垃圾桶,恨不得立刻把全部苦闷都倒给她。

在一个安静的小餐馆,我和好友寒暄过后,说起各自的生活。她样样都还不错,我也是。当然,上面都说了,我不是。但不知怎么,我坐在那里,开口就只能说些还不错的事。那些苦闷——诸如因为跟爱人相处太久而产生的倦怠和对未来婚姻生活的恐惧;因为事业陷入瓶颈而担忧人生就此止步不前;因为父母年迈多病而负担加重,并意识到曾经给自己无限温暖呵护的家已经风雨飘摇;因为生活的忙碌琐碎而让自己从里到外都庸俗不堪……这些忧虑我一样也说不出来。我想就算说出来，也是词不达意，听起来更像是一个无能怨妇的自怨自艾，这大概只会遭到厌烦和鄙夷，所以我的潜意识阻止了自己开口说这些。不只这些，就连股票大跌赔得血本无归，无法跟女儿的幼儿园老师搞好关系这种事情，也没有说出口。

而好友也只是无意中提到她刚刚被调到了更差的工作岗位，至于其中缘由，她没说，我也没问。

我们只是兴致勃勃地考察了彼此大衣和包包的品牌，风生水起地调侃了彼此熟识的朋友，详尽周全地讨论了一种鱼的做法——好像这些事情都特别重要，好像我们的久别重逢就是为了讨论这些。

分别时，闺蜜意犹未尽地说，真想跟你聊上三天三夜。我立刻明白，她一定也有想说而没能说出口的话。可惜我们已经没时间再聊，何况就算真聊那么久，只怕说的也是另一些朋友和另一种鱼的做法。

这真令人哀伤：我们都需要帮助也愿意帮助对方，却丧失了求助的能力。

是什么让我们无法真实地说出自己的所思所想？很长时间里，我无法解释。

直到有一天，我们一家去看望乡下的叔叔。他家有两口相隔不远的窨井，我和老公一时贪玩，分别下到两个井里。我一到井底，立刻觉得憋闷和恐惧，于是喊道："好黑啊！我害怕……"老公的声音从另一口井里隐约传来，但我听不清他说什么。

我站在井底，看着眼前结实而漆黑的井壁，忽然就明白了那种哀伤——我在一口井里，我的朋友在另一口井里，我很怕，她也一样，但即便近在咫尺，我们也无法让对方看到自己的处境，更不能得到彼此的慰藉和帮助。我们只能爬出来跟对方会合，但爬出来的我们又不再是井里那个，那孤单恐惧需要帮助的我们，一直都被关在井里的我们。

我后来想，可能真的每个人都有那么一口井，我们自己挖给自己的，用来安放自身那些不想示人的部分——人世复杂，完全袒露自己无疑是危险的，为了避免遭受攻击或嘲笑，人人都要把一部分自己隐藏起来，于是我们弄了那口井，把阴暗的、负面的、不能为社会规则所容的自我扔进去，盖上井盖，只留一个美好的自己在外面。没人知道你在井里藏了什么，甚至你自己也不那么清楚，只是井里的你和井外的你在不停打架，外面的打赢了，你就快乐平静，里面的打赢了，你就被拖入哀伤的深渊。

想来谁也不愿井里的自己太强大，所以起初遇上合适的天气或合适的人，我们还打开井盖，努力清理垃圾，但天长日久，那井越来越深，井口越来越窄，扔进去的东西越来越多，直到有些东西被彻底深埋，怎么也清不走了。于是外面的自己越来越多地败下阵来，我们开始越来越多地被拖入井里。

这大概是许多人不快乐的根源：把那口井挖得太深、塞得太满，又缺乏自我清理的能力，还不敢让别人来帮忙。国人大多没有信仰，没有神父做我们的垃圾工，而当亲友走到井口，我们又下意识里紧紧盖住，生怕露出马脚。我们需要帮助，但虚荣心、羞耻心、安全感之类的东西死死地把守着井口，只准你不断地把坏东西藏进去，不准别人来帮忙清走。

我们丧失了真实地表达和展示自己的能力。而这种丧失，却被当作成熟老到的标志。是的，这确实让我们熟练而自然地以最完善的面目示人。只是那井的沉重与可怖，只有自己知道。

总得打开些盖子。最近我常这么想,因为还要不断地塞些什么进去,所以必须想办法弄出一些来。否则,就真的被拖进去了。

不要事事求公平

我最遗憾的一段工作经历，是在一家物业公司。

那是个大公司，我在那里，怀着小黄牛的心情，勤勤恳恳，小心翼翼，一心想通过自己的努力干出个样子来。

起初相当顺利。我用不到一年的时间，做到了代理主管的位置。当时主管辞职，又没有合适的人接手，而我业绩突出，只是资历尚浅，公司破格对我委以重任，以代理之名，行主管之实。

当时因为一些很难解决的纠纷，很多业主不肯交物业费，公司非常头疼。我跟分管副总商量后，决定把欠款当作硬性任务分给各个员工，以高提成激励员工催款的积极性。

我报了方案上去，领导签字同意。于是接下来的一个月，我们开始了艰难的催款工作。上门要钱是天底下最不受欢迎的工作。我们通常要等到晚上七八点，在业主们都下班回家，心情又比较放松的时候去敲门要钱。闭门羹吃了很多，冷脸看了无数，甚至激愤的责骂也挨了不少，为了工作，也为了丰厚的回报，同志们都没有怨言，几番努力下来，成果很大。

可是，正当我们欣慰地准备迎接收获季的时候，事情出了变故。

那天，我和另一个部门的主管A女共进午餐，聊及此事，她对我们的提成很有兴趣，一再向我打探。我当然知道装钱进口袋这种事，不能太张扬，但也不好隐瞒她，便含糊地说，这个月差不多每个同事的提成都能过两万。她说那你呢。我说，可能有三万吧——我故意收敛了一下，事实上应该有四五万。

不想，这个信息很快就传到了分管副总那里。他找我谈话说，听说你们最近工作成绩很大，这很好，但是提成的问题，我觉得应该再考虑一下，你看同样工作一个月，别的部门员工只有四五千，而你们拿两万几，你还三万多，这样别人会心理不平衡。我看提成发一半就可以了。

我立刻就急了，强压心中怒火，向副总解释说，这个月大伙收入是挺高，但那是受了多少气挨了多少骂才换来的，很多人每天都是晚上十点才收工回家，咱不能光看着贼吃肉看不着贼挨揍。而且我们之前明确承诺的事情如果不兑现，会非常打击大家情绪的。

你去做好大家的工作，我看发一半提成也不算少了。副总很坚决。

这真是太让人恼火了，我难以理解一个鼎鼎有名的大公司的副总怎么能如此赖皮，出尔反尔，也无法接受自己辛苦付出换来的几万块就这么打了水漂，更觉得没办法向本部门的兄弟们交代，感觉自己像只猴子一样被人耍了。

后来回想，我想此事的正确处理办法，应该是再提出一个折中的方案，比如提成不要一下减一半，打个八折也好，然后找些客观理由，安抚好同事们的情绪。这样双方都退一步，也就天下太平了。

可是我当时怒火攻心，直接表示这个安抚工作我做不了，我自己都接受不了，怎么让别人接受。副总也有点急了，说你做不了就换别人做。

我愤怒之下，第二天就向部门同事通报了副总的决定。自然，众人声讨声一片，纷纷表示不能接受。我的意见是反正我争取未果，你们谁不能接受，谁就直接去找副总表达自己的意见，让他知道大家的情绪。

我想反正我们有理，有理走遍天下，公司定了制度而不遵守，就是耍无赖，理应受到声讨。

结果，同事们纷纷去找副总要说法，一个两个三个，把副总找急了，亲自给我们部门开会，宣布两个决定，一是提成发一半不会改变；二是，我继续回到之前的岗位，不再做代理主管，主管由A女担任（之前向副总透漏小道消息的那位主管）。

这么一来，我显然无法再留下来继续工作了。纠结几日后，郁闷辞职。

走后，我跟公司一位当时很赏识我的高层聊天，才知道，原来其实公司的员工工资是有预算的，总体数额不能超，如果我们当时拿了那些提成，就大大超出了预算，那位副总估计没有预料到我们那么能干，所以才放宽了政策，但他不可能向老总去交代自己决策失误，只好改变政策，出尔反尔。而且，A女与那位副总已是多年的地下情人，她早想转到我那个部门，而我的冲动无疑给了她一个完美的借口。

"这简直毫无公平可言！"我愤愤地说。

那位久经沙场的高层笑了，他说："哪有那么多公平，你记住，任何一个领导都可能犯错，不管主观还是客观，很多时候，他的错误，需要你来买单。让你遭受无故的损失，承担冤枉的指责，这就需要你保持好的心态，不能怨，不能怒，怨气怒气多了，你迟早会输。很多人说努力就有收获，付出就有回报，这话从宏观上说是对的，但具体到每件事上就未必了，千万不要事事求公平，否则你很难保持好的心态，而心态不好，是职场打拼的致命伤。"

很对。人在职场，很多时候真的必须去承担没来由的损失，去接受莫须有的罪名，在无法改变的情况下，你必须勇敢承担，坦然接受。人生还有天灾人祸，何况职场？

死结

那天晚上,他本来说好要到她那里吃饭。她精心备好,等了又等,不见他来,便发了条短信,问他何时来。

不想,这短信惹了大祸。当时他正在检查组接受询问,手机暂时由工作人员"保管",借着这条短信,他们顺藤摸瓜找到了她。

他做国企高管这么些年,说清白是不可能的,但公司那边基本查不出问题,她是他唯一的漏洞。倒不是男女关系问题,而是他以她的名义,做了很多事。连她自己都不知道,她名下其实有上亿资产。

他信任她,知道她不会给自己惹是生非,也没人知道她的存在。却万没想到,检查组刚一介入,她就浮出水面了。

她被请去了解情况。对方一问，她就慌了。别墅哪来的？公司哪来的？股票哪来的？她全答不上来。那么你和他什么关系？她想了想，说：他是我情人的朋友。那情人又是谁？她胡乱说了个人。

这个被她虚拟出来的情人，暂且承担了她的全部。对方去调查那个人了。她知道蒙混不过去，要出大事了。

几天后，他用陌生号码打电话给她，约她去市郊宾馆。一进门，他就紧紧抱住她，哭了。"你跑吧，我去投案。"他说。

"如果不跑呢？"

"跟我一样，判刑。"

"你会被判什么刑？"

"死路一条。"

"我不跑。要死一起死。"

他看着她，半晌不语，从包里掏出两条白绫，说："我是想好了要死的,你若愿意,就一起。"

她倒吸一口凉气,决然点头。她自十八岁就跟着他,她的一切都是他给的。如果他死了,她就空了,物质和精神都空了。一个空壳活在世上,既不会幸福,也不会安宁。

他去卫生间,把两条白绫挂好。"下辈子我一定娶你。"他说。她抱着他,大哭。她这辈子最大的心愿,就是嫁给他。但相逢时他已有妻小。他给了她一切,除了名分。那么若能同日死去,下辈子一生相守,何尝不是一件幸事。

他们一起踩上椅子,各自把头伸进那个白色的圈套,蹬掉椅子,喀嚓一声,两个身体同时悬空。她感到一阵眩晕,脖颈因为瞬间受力而剧痛。她想看他最后一眼,却惊恐发现,他嘴角挂着一丝诡异的笑,然后轻轻一拽,解开了自己那条白绫,坠到了地上。

然后,他收起白绫,关好门,走出去,假装从未来过。

她的手脚在空气中乱蹬乱拽,喉咙被死死卡住,发不出一点声音。她试着去解白绫的那个结,却发现,自己这个,是死结。

痛苦，窒息。她瞪着眼睛，失去了知觉。

再醒来时，已在医院。喉咙里插着管子，还是说不出话，说不说话也不重要，因为她疯了。即便说话，也是疯话。

几天后，专案组的人又来问话。她痴痴呆呆，大哭大笑，胡言乱语。所有的答话，都驴唇不对马嘴。问她叫什么，她说叫水仙姑，是王母娘娘派来拯救众生的。

对方问了几次，得不到一点信息，又急又气，找来精神科的专业医生检查，结论是：不像是装的。

她先在骨科治疗几乎折断的颈椎，又被送进精神病院，治精神病。在那里，她住单间，有专门的护士照顾。

护士是个快退休的老阿姨，每天推着她出去在林荫道下走一圈。有一天，看到前面一对情侣牵手嬉闹的背影，她忽然哭了，眼泪一行行止不住地涌。

护士阿姨轻拍她的背，说："难为你了孩子，哭哭吧，我知道你没疯。"她惊异回头。阿姨说："我干了这么多年，真疯假疯能分辨。"她投去哀求的眼神。阿姨继续说：

"听说那个人判了半年,没查出什么大问题,你身上那些死账,没有你的供述,安不到他身上。"

她泪流不止。许久,终于开口:"阿姨,你有没有可以让人失忆的药?"阿姨想了想说:"有。"

一周后,她被带到监狱,与他见面。他只被通知出来见人,却不知来人是她。他以为她早死了——没有人告诉他她的下落,他只通过定刑之轻,推断出她这条线索已灭。

一见之下,他顿时面如死灰,如见了鬼般惶恐不已。她面无表情地看着他,看着他的脸从错愕,到惊惧,到慌张,到伪装的平静,到怯懦的哀求。他们谁都没说话,整整十分钟。离开前,她向他微微一笑,以示诀别。

护士阿姨一边推她出去,一边轻轻说:"世上没有让人失忆的药,要忘记过去,唯一的办法就是看清那个人,然后看轻那段过往。你心里苦,是因为他一下子从神到鬼,都没有一点过渡。现在你看到了,那不过是个胆小自私的凡人,战战兢兢诚惶诚恐,很小人,很猥琐,不值得爱,也不值得恨,更不值得念念不忘。"

心里那个死结,嘣地开了。她仰起头,缓缓舒了口气。

那天宾馆的服务员把她从绳子上抱下来时,她已经昏迷了。醒来后记忆始终停留在吊在白绫上的时刻,这段时间她总觉得窒息,上不来气,仿佛喉咙被什么东西紧紧扼着。

直到这一刻,她才终于,缓过气来。街上,有各色行人走过,她转回头,对老阿姨笑笑,自语道:"不过都是凡人。"

朝梦想扑过去

周杰伦在演唱会上振臂一呼说："唱首老歌好不好？唱第一张专辑的歌好不好？"台下顿时一片沸腾，他还没开口，歌迷们已经哭的哭、叫的叫。

那样的场景，作家不可能复制，就算莫言也不行。设想一下，若有一日莫言站在台上，对着几万书迷高呼："现在来读我的第一篇小说好不好？读我写过最棒的句子好不好？"想必没人会痛哭当场，能给出些热烈掌声就算非常配合了。

这就是职业的差异。并不是说明星就比作家好，五百年后也许没什么人了解周杰伦是怎么回事，但一定还会有人看莫言的书。作家的优势和成就感，不在舞台上。

小时候全社会都教导我们三百六十行，行行出状元，但毫无疑问职业有好坏之分，只是其评判标准不在于它给你多少收入多少粉丝，而要看它能否带给你最大的乐趣和最强烈的成就感。若你觉得流芳千古拯救全人类的灵魂最牛，那就该写作；你要喜欢现时现刻被关注、被簇拥、被当做神灵追捧，那就去做明星；若你性格恬淡，向往枯藤老树昏鸦小桥流水人家，那去郊区弄块地做个农夫也不错。

最要紧的，是要知道你想得到什么，以及得到的可能性有多大。

本来这事最好在高考报志愿时就了然于胸，只是现在的小伙伴，在十八岁之前基本都处在"不闻窗外事，只读圣贤书"的未成年状态，极少有人会分出点心来构想职业框架，所以人生第一次重大选择基本就昏头昏脑，虎头虎脑地由师长们包办了。这不怪你。但经历了大学或研究生阶段，你的三观就得像三围一样，基本有个数了。所以在职业定位时，你得奔着正确的方向去。

那句话怎么说的来？你现在流的汗，都是因为当初选专业时脑子进的水。我破解一句：如果你选专业时脑子进了水，那找工作时就必须把所有的水清出来。如此还算有救。否则，若关键时刻你总是一头雾水，到最后，人生必然就是一摊污水。因为通常你的专业决定了第一份工作，而第一份工作又决定了第二份工作，然后一生的职业方向就基本敲定了，再想华丽转身，比在高速路上调头还难。

去年我们单位招聘，一男孩的简历深深雷倒了我。当时我们招财务、销售、设计，而他简历上明确写着三个职位都胜任。面试时我问他最擅长哪个，人家自信满满答我："都成，我是复合型人才。"——全场都笑了有没有？连我们不苟言笑的老大都难得露出了八颗开心的白牙。

毫无疑问那个幽默的小伙子最终被淘汰了，因为我们虽然喜欢复合型人才，但真正需要的还是高精尖的专业选手。话说现在社会分工已经精准细化到什么程度了，一个人能把一件事做好已经不易，他说他全能，那就极大可能是样样通样样松，那么把他安排在哪里显然都不合适。

在年年都是史上最难就业年的时代，想必每个毕业生都想把自己全方位武装起来，拳打南山猛虎，脚踢北海苍龙，心情可以理解，但真心想说一句，各位，梦想可以很大，但范围不能太大，否则一不小心你就偏离了最喜欢和擅长的领域，跑人家地盘让人家做主了。打个比方，何炅是优秀的主持人吧？董卿也是对吗？但是显然何炅扛不动春晚，董卿也玩不转快乐大本营。职业能力要求已经细化至此，你还梦想着既能做个出类拔萃的销售，又能成为会计中的战斗机，这跟刘翔妄想冲击NBA无甚差别。

常听人抱怨自己一腔美梦实现无门。其实呢，也许你梦想做一名歌手，毕业时却找了份银行的工作，你选择了现实，把梦想装进了后备厢，而最后你的口袋鼓起来了，梦想却瘪了。怪得了谁呢。

想圆梦，就得知道自己有什么梦，并第一时间像追求初恋情人那样心无旁骛扑过去才行。想圆梦，就要有个圆梦的样子。

天下有怀才不遇这回事

最近常听人说"天下没有怀才不遇这回事"。我不赞同。怀才不遇当然是有的,过去有,现在有,将来也会有,只不过怀的才和不遇的原因各不相同。

我们楼下有家小制衣店,店主是个很灵气的姑娘,活儿特别好,给我改衣服做裙子,从没失过手。有时我拿着时尚杂志和一块花布过去,让她比着照片上的样子做,她打眼一看就能懂,还能说出自己的独特见解来,经她手出来的衣服,件件合身漂亮,充满艺术范儿。有次我问她是不是受过专业训练,她说没有,就在上海一家制衣厂干过一年。我说你实在是个时装设计师的料,应该去更好的公司发展。她笑笑:"我在上海时,还真去几家公司应聘过,但是我没文化,人家都不要。"

后来那小店关了门，听说她结婚了，回老家开了家更小的店，准备生娃。

我很替她遗憾，这大概就是一种怀才不遇吧——因为自身有短板，攀不上高大上的平台，只能把这身才华化作谋生的资本，寂寂然挣碗饭吃。

我还认识一位副教授，学问很大，脾气更大，谁都瞧不上，照他的学术水平，早该评上教授了，但由于跟领导同事各种不合，每次都踏空。其他教授组团申请项目，也不愿意让他入伙。他自然是深感怀才不遇，给学生上课时，愤懑都写在脸上，抨击社会抨击学校，结果越抨击越怀才不遇。

这一位，大概就是马云说的那种"你的才远远不如你其他地方的不才，或者因为你的那些不才，让人宁可放弃你的才"。说白了，还是情商低。

当然，也有些怀才不遇，纯粹是个人选择。

我儿子的音乐老师，歌唱得一级棒，丝毫不比当红歌星逊色，连校长都觉得做个籍籍无名的老师委屈了她，愿意给半年带薪假，让她去参加选秀节目。但她不去，说自己都快四十岁了，不想生活有太大波折，就安心当个音乐

064
―
065

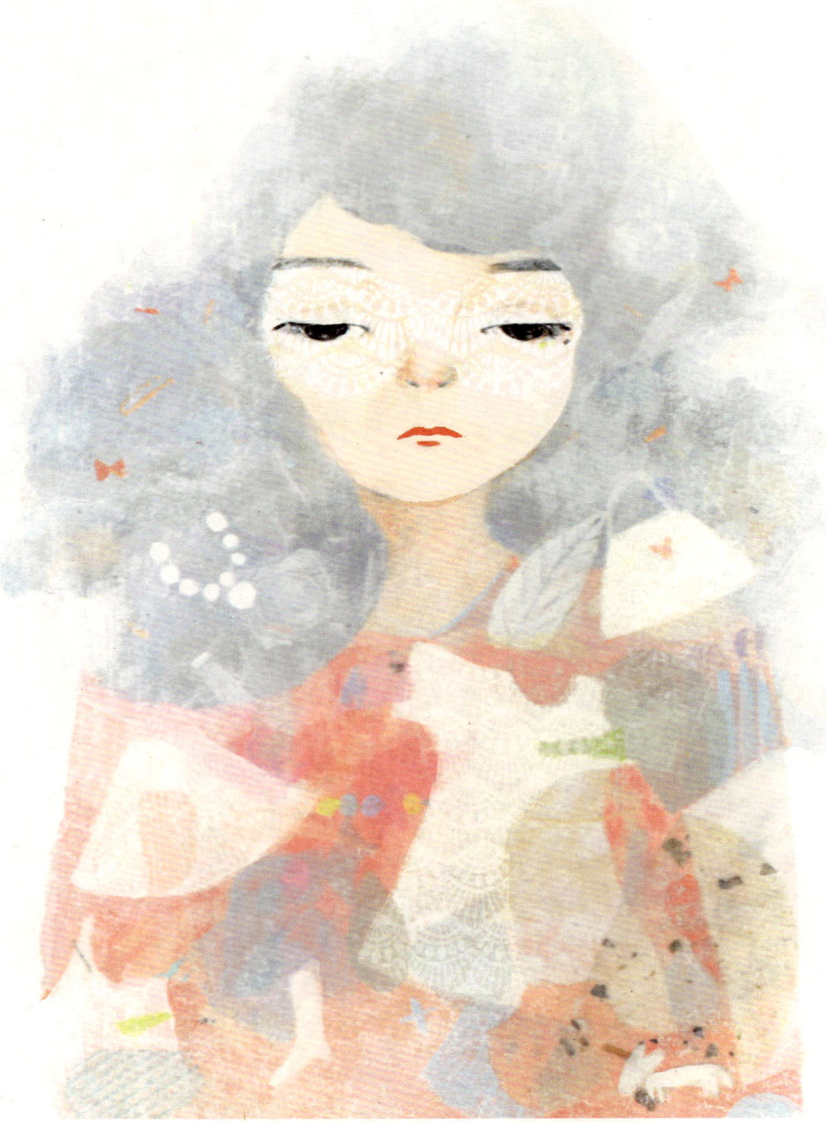

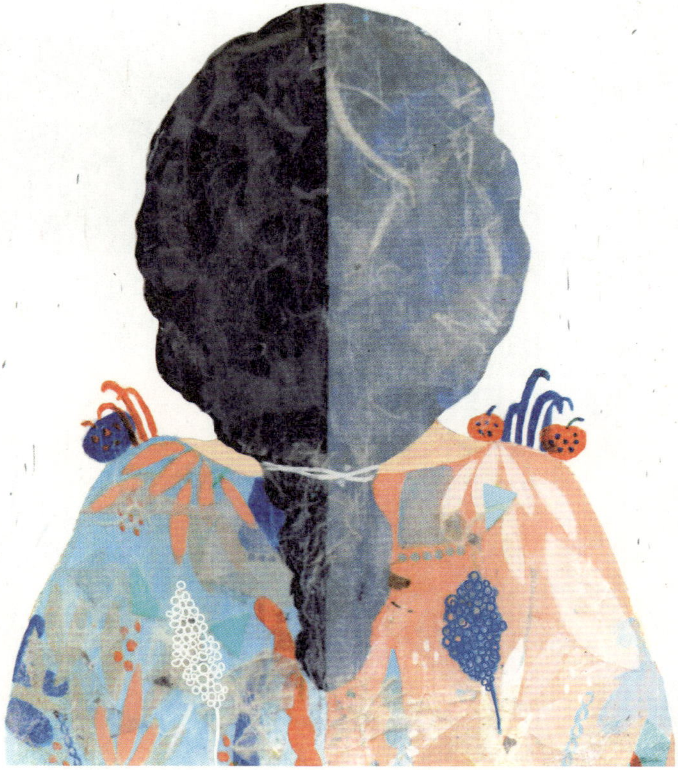

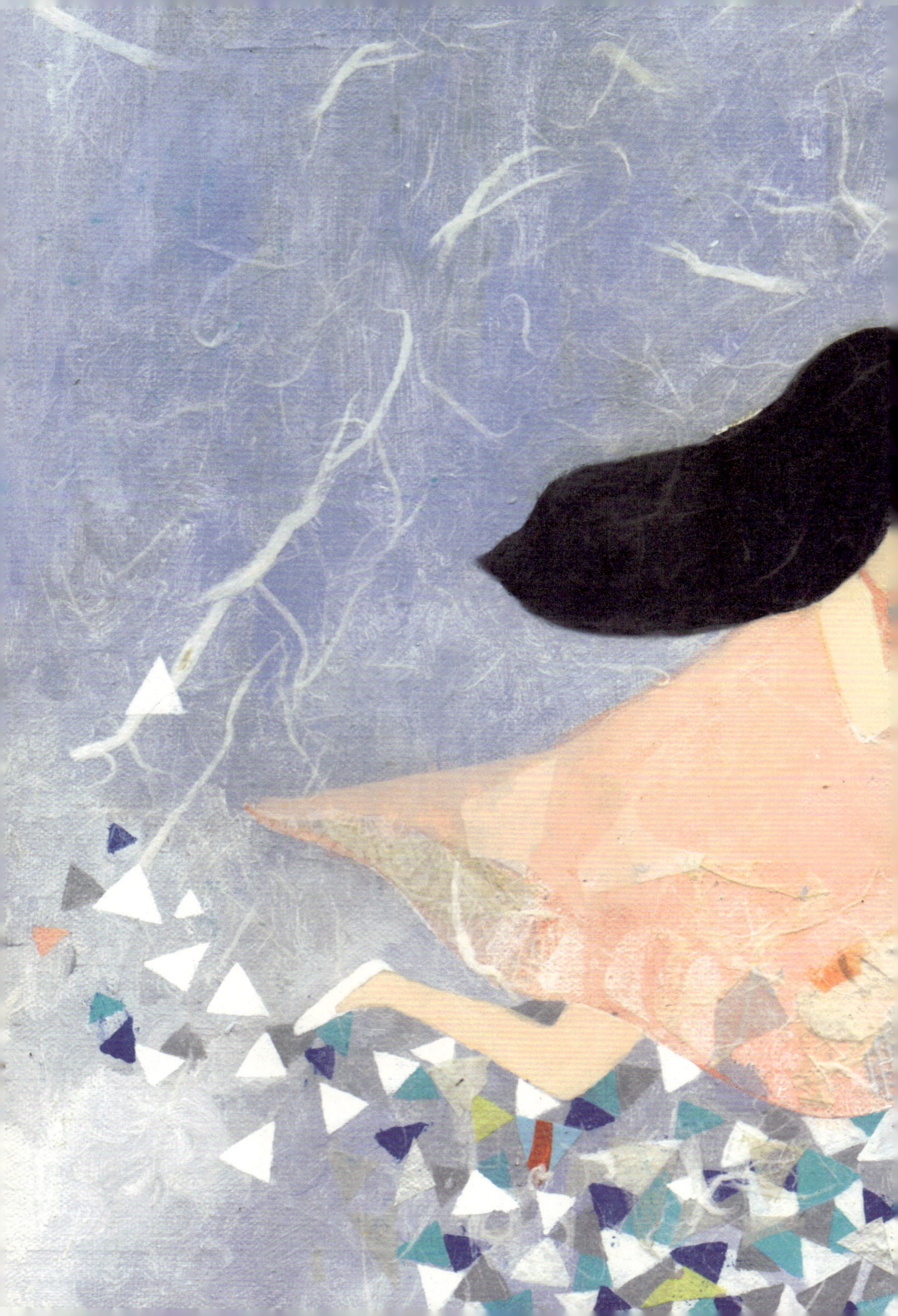

老师，挺好。

这境界有点像庄子。当年楚王魏王都想拜庄子辅政，但庄老大淡定地表示：我听说楚国有只神龟，被杀死时已经三千岁了，楚王把它珍藏在竹箱里，盖上锦缎，供奉于庙堂，你说这老龟是愿意华贵地死掉，还是快活地在泥水里玩呢？当然是后者。于是他继续无组织无纪律地在天地间神游，不理世事。

跟这种自觉自愿的"怀才不想遇"相反，还有一种令人扼腕的"怀才不能遇"——本事太大，无人能懂。

这一款最典型的就是凡·高了。这个绘画天才，因为太天才了，当世人欣赏不了，以致在有生之年，除了画商弟弟，没有一个人认识到他的价值。而虽有弟弟鼎力相助，这个后来被封为"19世纪人类最伟大的艺术家之一"的画家，一生也只卖出了一幅油画两张素描，穷得连土豆都吃不起。他都不敢自称画家，最大的梦想也只是在咖啡馆办一次画展。当他衣衫褴褛地背着画布颜料奔向田野，去创造一幅幅在后世卖出天价的作品时，邻居们在交头接耳地说："看，那个疯子！"这个遭人嫌弃的孤独狂徒，一生都充斥着世俗意义上的失败，没得到名利，没得到爱情，饱受穷困和病魔的折磨。若不是独具慧眼的弟弟一直收藏他的画，我们现在怕是根本不会知道有个凡·高存在过。

跟凡·高的遭遇类似的，还有德国数学家、集合论创始人康托尔。他的理论超越时代上百年，以致谁也理解不了，许多当世的数学家骂他是精神病，结果康托尔生生被逼成了真的精神病，最后病死在精神病院。

这种怀才不遇，实在是个无解的命题：你是一匹千里马，但段位比伯乐还高很多，谁能认出并欣赏你？于是便有了韩愈的感叹：虽有名马，祇辱于奴隶人之手，骈死于槽枥之间，不以千里称也。

对这种人来说，像"如果你知道去哪儿，全世界都会给你让路"这种鸡汤是纯粹的扯淡，改成"虽然你知道哪儿好，但全世界都堵着你，让你寸步难行"还差不多。

好在这种盖世之才并不常见，所以受这种委屈的人估计也不会太多。

但是坏在以为自己是这种人的人很多。这世上不知有多少不得志者，心中默默怨艾着"你们都不懂我""屈就在这种破地方，可惜了我一身好功夫""如果给我一根杠杆，我一定把地球翘飞"……这是一种病，叫自我认知障碍症。大概也是因此，我们才对怀才不遇这个词莫名反感——你会几道算术题，就觉得自己才高八斗了。真给你一座大庙，你恐怕连只蚂蚁都渡不了。所以我们才习惯性地反过来讲道理：天下没有怀才不遇这回事，你不遇，根本就是因为没才，或者才不够大。

这话用来教训教训自大狂，当然没问题，但不适宜推广，因为不够客观。这世上一定有一些没有弟弟的凡·高，没等到刘备的诸葛亮，没碰上吴宗宪的周杰伦，没参加过选秀节目的大衣哥……一定有一些金子被埋在地下，没发出璀璨的光来。各中缘由，可能是才华太大、运气太差、情商太低、自身有短板、不会自我营销、个人自愿不玩，等等——最近被聊得火热的窦唯，大概集合了以上好几种。

其实一个人的才华若想得到全面有效的发挥，是相当难的，需要合适的人在合适的时间合适的位置做合适的事，这四个合适，少了哪个都不成。这取决于一个人的综合素质、心态和际遇，而绝不是哪一门绝技。

说到底，绝对的如鱼得水和绝对的怀才不遇，都是小概率事件，我们绝大部分俗人，都是有点才华，不是特别大，有点发挥空间，也不是特别大，既不会多么酣畅淋漓，也不会过于郁郁不得志。

如果你实在觉得才华与舞台不匹配，觉得被老天亏待，就主动做点什么吧——看清点什么，改变点什么，提升点什么，放弃点什么。千万别沉浸在臆想和抱怨里，没有一个机会是臆想来的，也没有一种赏识是抱怨来的。

是勇不是剩

越来越觉得剩女是个恶毒的词，饱含着深刻的否定、蔑视、贬损，好像积压的库存，过季的衣服，隔夜的剩饭，被挑拣后卖不出去生了芽的烂土豆。一个好好的女人，一旦给贴上剩女标签，感觉立刻不好了。

我主观认为该词一定是某个不怀好意的大男子主义男人创造出来的，然后被更多不怀好意的大男子主义男人和早早脱单、思想传统、搞不懂为何争取女权的女人追捧，最后大行其道。

最可悲的是，连全国妇联也跟着起哄，在官网发出《克服四大心理障碍，剩女成功脱单》《简单八招从剩女中突围》之类的雷文，与之口头上对女性倡导的"自尊自信自立自强"毫不相符。这好比一家有几个漂亮女儿，外人非把她们的美分出三六九等，把最前卫最有个性的一个定为最丑，而她们的那个有文化的妈居然也迎合外人的标准，公开指教所谓最丑那个，让她顺从众人，放弃自我。

这真让人悲哀和愤怒，让人忍不住想连问一百多句：凭什么？

杨丽萍五十多岁了，单身，她说她信爱情不信婚姻。一生未婚的邓丽君也表达过类似的看法。新上任的韩国女总统朴槿惠是单身，她说她嫁给了国家。和她差不多情况的还有英国女王伊丽莎白一世。

这些女人，你说她们是剩女？笑话。她们只是更坚持自我，更追求婚姻的价值，或者更愿意发挥自己在婚姻以外的价值。我想那些被社会标上剩女标签的女人，有相当多的是这一种，虽然她们不著名，不是艺术家或政治家，但人家追求自我价值的实现，何错之有？凭什么一个女人在一定的年龄没走进婚姻，就被默认为失败？难道在没遇到合适的另一半之前，为了证明自己不会被剩下，匆忙草率地嫁掉，才是成功？

我反倒认为，能在这样的社会文化背景下，坚持不向世俗屈服，敢于做自己，追求自己想要的生活，身边没男人，心里也不慌的女人，是勇敢的，值得敬佩的。她们更符合妇联所倡导的"自尊、自信、自立、自强"原则，她们是勇女，而非剩女。如果非要提出点不同，最多也只能说她们可能运气不太好，没能早早碰上自己要找的人。

有中国人婚恋调查报告显示，三十多岁的未婚人士里面，男人比女人多出613万，比例超过2∶1，也就是说在婚姻市场上，两个未婚男对应一个未婚女，显然，男人择偶压力更大。换个角度，根据另一个广泛流传的说法，如果把人分成ABCD四等，男人通常会选择比自己略低的女性，所以A男选了B女，B男选了C女，C男选了D女，所以剩下A女和D男——A女不会真的嫁不出去，D男倒是货真价实的老大难。那么到底谁才是剩下的？

不久前，我们在同事群里讨论剩女这个称谓，女人们一致认为这个词儿既扭曲事实又充满恶意嘲讽，男人们却嘻嘻哈哈觉得合情合理，一位男士还跳出来说，你们知足吧，剩女算好听的了，在日本，年过三十而未嫁的女人叫败犬。此言引来一阵猛攻，连已经做了奶奶的女同事都深表不服。

前年一位全国政协委员提出了与"钻石王老五"对应的新词：翡翠张小丫，这词很不错，可惜出于种种因素，它的流传度远远达不到该有的程度。就像剩男这个词同样很难广泛传播一样。

鉴于此，我觉得公平起见，应该创造出更多更合适的说法。他们不是按年龄把未婚女人分成了剩斗士、必剩客、斗战剩佛、齐天大剩吗，我们能不能把未婚男逐级分成各种光棍？比如二十五岁以前叫自然光，二十五到三十叫可见光，三十到三十五叫男极光，三十五以后统称传奇之光？

03

主动选择
自己想要
的生活

自从有了朋友圈,三观就没端正过

混朋友圈久了,三观很难端正,甚至难以得到保全。各式各样的信息会不断刷新你的见识,挑战你的常识,使你的三观一直处在推倒重来的状态,让你感到万分沮丧,甚至开始怀疑人生。

我是内蒙古人,热爱牛奶,最近几年全家每人每天一袋牛奶是必备,但是某天,我忽然在朋友圈里看到一篇叫《牛奶将人类送进癌症的坟墓》的文章。里面通过大量事实和理论依据论述了喝牛奶会导致乳腺癌、卵巢癌、前列腺癌、大肠癌、糖尿病……那个有理有据,那个言之凿凿,虽然其中很多术语根本看不懂,但那愈发让文章显得真实,比如它说:大量饮用牛奶会增加人体中类胰岛素一号增长因子(IGF-I)的水平,而几乎每种癌症都与IGF-I有关,IGF-I是促使癌细胞生长和繁殖的关键性因素……通常谣言不会专业到这个程度对不对?所以,多多少少,难免信它一点点。于是再给全家人订牛奶,我就有阴影了,万一真有那么回事儿,我不是在把全家人都送进……

后来我们家订奶量基本就减半了。

幸运(或者不幸)的是,再后来,我又看到一篇辟谣文,有位专家站出来说,那篇文章不是学术界的主流观点,没有更有力证据证明牛奶能增加癌症风险……而且科学证实,牛奶可以降低患肠癌、高血压、糖尿病的风险……说了许多,同样有理有据。

这个,信还是不信?若信,会不会再次被辟谣?

反正我对牛奶的信心是大不如前了。

这是炮轰我三观的圈文之一。还有许许多多,不胜枚举。

比如我有早起喝一杯水的习惯,其好处大家都知道,补水醒脑冲洗肠胃什么的。但某日,一篇文章告诉我,这是个错误。因为按照中医理论,人体早晨阳气生发,阳火初萌,而水性属寒,你一杯水(尤其是凉水)下去,体内就会水火交战,阳火必然受伤,火主心,心火长期被克,很容易得心脏病……话说我心脏确实不太好,那么这水,喝还是不喝呢?

还有，早吃好午吃饱晚吃少，也是亘古的常识吧？但有文章说，早上人的肠胃刚苏醒，空了一宿，你忽然就给塞满了，让它不得不从休养迅速转为剧烈运动，它很难适应，久而久之就会生病，而这还会引起内分泌、心血管的连锁反应，这些反应会导致你——oh，no，折寿。

甚至，还有文章说，生命在于运动也是错误的。文章运用命理学和位理学的观点，说人器官的生命力都是有定数的，比如心脏，人一生心跳的次数基本是个定数，如果你运动，甚至剧烈运动，势必使单位时间心跳次数增加，那么寿命相对就短了。其列举的证据是，文人比运动员长寿，寒带人比热带人长寿，每分钟心跳10次的乌龟比心跳900次的小白鼠寿命长50倍……说得挺玄乎，但好像也不是完全没道理。我本怀疑，但又想起很少锻炼却活了98岁的季羡林老先生打趣所说"生命在于运动，但长寿在于不动"……

我倒下的三观挣扎一番，终于没再站起来。

小学老师说，书籍可以擦亮人类的眼睛，推理一下的话，朋友圈是不是生来就带着亮瞎我们双眼的使命？

如何刚好保持在亮而不瞎的状态呢？This is a question。

美好的朋友圈,还有另一半真相

1

地铁上,我身边有个男生在看朋友圈,看着看着忽然拉过和他一起的男生说:"哎,你看,这就是我上次跟你说的,我们部门那个巨丑又巨自恋的女生。"

另一个男生说:"长得还行啊。"

第一个嗤之以鼻,说:"什么啊,P成这样估计得忙活一通宵,我给你看看原版。"说罢打开手机相册,找出一张同事合影,放大了给另一个男生看,"这才是真面目。"

后者立刻做呕吐状:"P图婊!"

俩人一起豪放大笑。

2

我妹跟同事聊天，说领导太讨厌，整天让人在朋友圈转发公司活动，开新业务要转，招聘新人要转，每月例会要转，连他老婆单位评优也要转，搞得她比卖面膜的还Low。

你傻啊，不会分个组？她同事说，我都把咱单位的单独分组，每次转发，只给那十来个同事看。我这还是好的，XX就把领导自己单列一组，每回转发都只给他一个人看。

哈哈，领导知道不得气死。

他怎么可能知道呢？

也是啊，我知道该怎么做了。

3

有次偶遇一位旧友。我们平日极少见面，但在朋友圈里互动良好。我跟他提起一篇文章,那篇文我之前在朋友圈转过,他点了赞并留言:好文,引人深思。不想,那天我说起文里的内容和观点,他茫然不知所以,我解释了半天,他说:"还真没看过,哪天你转发给我哈。"

我略觉尴尬,但还是痛快地说好啊。后来自然是没发,我假装忘了,免得引起他的尴尬。

4

去年我意外地发现,我的两个八竿子打不着的女朋友居然熟识,俩人天天在朋友圈嘻嘻哈哈、亲亲抱抱,这位发句糖水话,那位也特捧场地赞叹一番。

我跟其中一位交情好,私下问她:"你跟XX那么熟啊?"她嘿嘿一笑,说:"她妹妹是我儿子学前班老师,正好她还托我办贷款,这不是就……你懂哈。"

今年我发现这两位淡了下来,鲜少互动,只是很偶尔地给对方点个赞,热情洋溢的评论和笑脸,久已不见。我知道朋友的儿子已经从学前班毕业,而另一位朋友的贷款,估计也早就办下来了。

5

前几天从网上看到有人说，他一个N年没联系关系又不怎么好的旧同事有天忽然发来个链接，让他给孩子的什么评选投票，说孩子是第四名，跟第三只差几票了。于是他点进去，默默地给第三名投了一票。

6

所谓有人的地方就有江湖，朋友圈这个小江湖，完全是人际关系的缩影，在温馨美好的表象下，自然不乏干净纯美的友谊，但更有各种复杂的意志在涌动。

有的其乐融融，是真的其乐融融，而有的欣欣向荣，背后其实一点都不繁荣。

你只看到自己活色生香的自拍赢得一大片赞美，又怎么知道有人在忍着恶心骂你"P图婊"？

你以为朋友在全力支持你、下属在全力完成你的部署，又怎么知道人家没有把你单独分组，只给你一个人看？

你以为自己表达得畅快淋漓特别有B格，又怎么能想到有多少人已经把你屏蔽或者正在暗下决心要拉黑你？

不是说朋友圈多暗黑，只是想提个醒儿，要知道这个欢乐的表象背后那些不欢乐的成分，从而知道装不能太过分，也不能把自己的意志强加于人，更不必对赞美或漠视太当真。

你生活中要遵循的处事守则，在朋友圈里也必须遵守。

你在生活中处在什么样的社交地位，在朋友圈也大体一样。

生命中最重要的那一天

清晨的大学校园里，一位老伯正独自在长椅上看报，两个学生拿着采访机走过来，礼貌地问："我们是学生新闻社的记者，能采访您一下吗？"

老伯抬头看看，"嗯"了一声。两个学生于是坐下来，问："您这个年纪，一定经历过很多，能不能谈谈您生命里最重要的一天？"

这实在是个蹩脚的提问。如果你被这么问过就一定知道，除非经过相当长时间的思考，否则很难给出漂亮又切实的回答。要是有大明星碰到这个问题，他八成会说："抱歉，没有最重要，只有很重要。"然后胡乱编个故事，并在心里暗暗鄙视提问者。

好在老伯不是大明星。他眯起眼睛想了会儿，认真地说，确实有那么一天，对我来说比任何一天都重要。那一天，我爱上了一个人。

两位学生高兴地对视一眼，满怀期待地等着听下去。

老伯开始慢慢地讲。我认识那人有些年了，但我一直很厌恶她，她一出生就瞎了一只眼，左手还只有三根手指，像鸡爪子一样难看，若有可能，我真想一脚把她从我身边踢开。但命运安排我们始终在一起。我26岁时，我们在导师的带领下研究一种病菌，她的那一组得出了重大成果，只是在最终结果出来之前，她的合作者忽然疯掉了，她独立完成了最后的工作，如果这时候她只在研究报告上写自己的名字，独享一切，没有人会提出质疑，但她没有，反而把那位合作者的名字排在了自己前面，因为对方的付出确实比她多些。在公布成果那天，导师在几百名师生面前大力表扬了她，说自己一生渴望教出品学兼优的学生，感谢她，在他即将退休的时候，实现了愿望，说完，导师眼泛泪光，深深给她鞠了一躬，所有人都为她鼓掌。

就在那一刻，老伯说，我发现原来她还真是个不错的人，她正直、善良、聪明、勤奋，那些身体缺陷实在不能遮盖这光芒，于是我爱上了她，这份爱改变了我一生，时至今日，想起心意转折的那一刻，我仍会激动不已。

两位小记者也有些激动，其中一位赶紧追问："那个人，是您现在的妻子吗？"

老伯摇了摇头，摘下眼镜慢慢擦拭。

另一位小记者正想继续追问，却惊奇地发现，老人的左眼始终一动不动，显然是假的。他下意识地去看老伯的左手：只有三根手指！

小记者诧异得不知说什么好，半天才问："您说的那位'她'……"

老伯点点头："是的，就是我自己。"

原来，不是"她"，是他。

老伯擦好眼镜，用只有三根手指的左手戴上，指了指刚好走过的一位漂亮姑娘，说："我知道在你们这个年纪，心里想得最多的是爱情，一定会有那么一个人，你爱上了，全力以赴想去赢得她的心，以为得到她，便是人生最大的幸福。其实我倒觉得，没有哪个姑娘能给你永远的极致的幸福，你只有真正地、毫无保留地爱上自己，才会获得人生最大的胜利。"

"爱上自己，谁不爱自己呢？"小记者问。

"当然不。"老伯说，"虽然每个人都会对自己好，会极力地让自己开心满足，就像臣民去讨好他的国王，但那不过是人类最原始的本能，是自我满足的私欲，不是爱。你只有真心觉得自己很好，欣赏自己并以自己为荣，庆幸你是你而不是别人，才算是真的爱自己。只有这样的爱，才能使自己获得深刻而长久的幸福。老实说，少年时的我，因为这只眼和这只手而对自己厌恶至极，觉得自己活得像一摊垃圾，当然，幸福从未降临到我心里。直到那一天，导师让我看到并相信自己身上还有优良的部分，而这恰恰是作为一个人，最重要的部分。于是就在那天，我原谅了我的手和眼，原谅了我的残缺瘦弱，原谅了我的笨嘴拙舌，我开始真诚地爱自己，并由此感到了巨大的快乐，那感觉，就像经历了漫长寒冷的黑夜，看到阳光忽然跃出海面，世界从此天光大亮，春暖花开。"

老伯看了看天空，悠然地说："其实爱上哪个姑娘一点也不重要，爱上自己才是正经事，也许你们不会像我这样忽然开窍，忽然地对自己倾心爱慕，但至少应该每一天都努力去做一个让自己喜欢的人,然后慢慢地开始爱自己。再退一步,你至少得发自内心地觉得自己不那么厌恶,如果人生中时时处处违背心意,越来越觉得自己面目可憎,那么到了我这个年纪,就算取得什么成就,你也会觉得是活在一个垃圾堆里。"

"所以,不管对谁来说,人生最重要的一天,都是爱上自己的那一天。"

老伯说完,微笑着向旁边打了个招呼,两位小记者这才发现,系主任不知何时站在了他们身后。

老校长,原来您在这里。系主任恭敬又急切地说:"美国的专家团到了,大家都等在您讲最新的研究成果,快走吧。"

老伯缓缓站起来,跟两位小记者道别,又自语道:"其实跟我刚刚做的这场报告相比,下一场也不怎么重要。"

树洞，树洞，人人需要倾诉

经常有人从邮箱或QQ找到我，给我讲她的烦恼苦闷、委屈艰难，起初我觉得是她们遇到麻烦，想寻找解决之道，便兢兢业业出谋划策，希望能提供力所能及的帮助，但慢慢发现，大部分人找我，其实更多的目的是倾诉，而非求助。因为到最后，对方多半会说一句：其实我也知道该怎么做，只是很多话不知该对谁说，心里压抑、委屈、憋得难受……

说到底，我扮演的是一个树洞，专门接收心理垃圾的。当然我也乐得充当这个角色，世道艰难，能为一个信任我的人缓解内心苦闷，未尝不是件善事。

关于"树洞"的起源，是那个《国王长了驴耳朵》的故事，说一个国王长了一对驴耳朵，每个给他理发的人都会忍不住把这件事告诉别人，因而被砍头，有一个理发匠把这个秘密藏得好辛苦，终于在快憋不住时，在山上对着一个大树洞说了出来，最终保住了小命。

你看，树洞多有用。

当然在现今世界，树洞的用处早已不只是管住自己八卦别人的心，而是倾诉自己内心无法言说的秘密，就像《花样年华》里的梁朝伟一样，爱着一个不可能的人，浓烈的感情找不到出口，只好独自对着树洞，用一种既像童话又像笑话的方式，让压在心底的火山喷发出来，以求得内心的平静安宁。

人总有秘密，不管多乐观、多健康、多积极向上的人，心中的某处总有隐秘的黑暗，总有需要宣泄又无法与外人道的情绪，而中国人生性含蓄，又多半没有找上帝或心理医生的习惯，所以那些灰色情绪通常都找不到外化疏解的渠道，只能依靠自我调理，自我消化，其实这是件很困难的事，不是情商极高或内心极强大的人，不易做到，也许正因如此，才有那么多人不快乐。

把不开心的事情说出来，也许人人都想，关键在于找不到合适的接收者。树洞？当然好，但操作层面有问题，首先街上和公园的大树不行，不要说那些树通常没有洞，就算有，你也不能去说，否则来来往往的人肯定觉得你有病。而为了说几句话去荒山野岭寻找一棵有洞的老树，显然又太过麻烦。那么对陌生人讲？又真的很难找到那么个合适的人，虽然也有我这种乐意倾听的蹩脚心理医生，但毕竟为数不多。

最好的办法其实还是找真正的心理医生，可惜人们通常不愿意那么做，因为找医生这事在国人眼里是很隆重的，你本来只是有些憋屈郁闷，但一坐在医生跟前，就会觉得自己是真有病了，还是精神方面的，好端端的谁愿意给自己扣个"精神病"的帽子？

好在有了网络。我最近发现，关于树洞的网站、论坛、微博红火得出人意料。随便一个树洞网、秘密网，就有成千上万的人在诚恳坦率地讲心里话。一个"匿名告白"的微博，每天都收到几百条私信求告白。一条"换个马甲说说你为何不快乐"的帖子，下面一大片跟帖讲述自己的悲催人生。其实大家说的，无非是"不小心撞伤一只流浪猫，没救它就走了，忏悔""太讨厌那个趾高气扬的舍友了，恨不得她退学""某某，我不该跟你分手，这几天茶饭不思以泪洗面，好想复合"之类心事，在陌生看客眼里，这些所谓秘密多半没什么新闻性，但当事人却很可能为了这一句说不出来的话肠子都憋青了，对他们来说，能有个地方把这些话说出来，肯定是一种释放。

当然，肯在网上吐露心声的，多半是年轻人，我目测以九〇后为主，对于成熟年长稳重保守的八〇前七〇前，这种倾诉方式便略显幼稚了，那么大叔大妈心里的苦向谁说？我推荐一个办法，可以买（或在家里选）一个自己觉得有灵气的物件——佛像、画像、雕塑之类，哪怕是一块石头也无妨，把它当作朋友师长，毫无保留地告诉它你心里的困难无助、烦恼委屈，那就是你的树洞，虽然它无法做出反馈，但套用一句TVB台词：说出来总会好一些。最重要的是，这个树洞绝对安全无副作用。

人说世上多一所学校，就少一座监狱。同理，多一个树洞，也许就能少一个病人。

每个人都该有一个专属于自己的树洞，你找到了吗？

主动扔掉酸樱桃

我最爱吃樱桃,每年樱桃上市都得奋力吃掉几大筐,今年却没吃到,原因有点奇怪:好友知道我对樱桃的嗜好,有次来找我玩时,提来了两箱,当时樱桃还将熟未熟,所以这两箱也还有点酸涩,我吃了几个,就放一边了。后来樱桃大量上市,我屡次看到欲买,都想到家里还有那么多,没必要买,可回家看到那两箱,又觉得不好吃,也不新鲜,不想吃。

最后,家里的两大箱终于烂得差不多,全扔掉了,而樱桃也过季了。

就这么错过了鲜嫩嫩红彤彤水汪汪的大樱桃,后来好几次想起来,我都觉得亏大了:又不是没卖的,又不是没钱买,又不是不想吃,结果居然没吃到,真是莫名其妙。

再后来反省这件事，发现问题出在我的决策上：那两箱既然不好吃，就该早点扔掉它，何必非留着，把它等烂了，把新鲜的也错过了。

幸亏只是一季樱桃而已，错过了也没什么大损失，要是人生大事就悲剧了。

前段时间跟小妹聊天，她正为一段感情无限纠结：交往了两三年的男友，一直跟另一个女孩暧昧不清，对她时好时坏。小妹说，其实男友条件很一般，他们之间也存在很多问题，但她就是狠不下心来做了断，怕真放弃了，以后会后悔。她说，你知道吗，姐，我可能就在等他最后说一句狠话，说我还是更爱W，你滚吧，那我肯定就死心了，也就解脱了。

我一下就想起那两箱樱桃来，小妹的感情无非也是如此：酸，不好吃，但扔了又可惜，非等它自己烂掉，才舍得放手，以使自己心安，一生无悔。

可是一个女孩子，你有多少青春可等待，有多少感情可付出，浪费大好年华陪着一段没意思的感情赴死，那是多大的罪过。很可能等你这段感情终于烂掉了，你终于可以心安理得去寻找下一段，最好的季节已过去，你已经没有新鲜樱桃可吃了。

　　大概每个人的生活里都遍布鸡肋：鸡肋樱桃，鸡肋感情，鸡肋工作，鸡肋房子……很多东西都很不尽如人意，但你没有将其扔掉的理由，你守着它，觉得总归有它在保底，好过没有。

　　可是，当一个人"退可守"时，便常常忘记了"进可攻"。很多时候，正是这些给你保底的鸡肋，挡住了你的路，它们的存在，让你失去了去寻找更好的东西的理由和动力，也就让你远离了本来可以更好的人生。

　　偏偏，我们就算认识到身边有这样的鸡肋，也很难有果断丢弃的决心。因为这些东西多少都还有些价值，一堆鸡肋樱桃，总还是能吃的；一份鸡肋感情，总还能填补身边空缺；一份鸡肋工作，总还可以给人个安身立命之所。因为"聊胜于无"，所以就算已经让你很不满意，它们也留下了。甚至很多时候，你已经看到了它们的结局：烂掉，然后扔掉。但你就是下不了决心主动了断，非得等老天来帮你做决定——等樱桃自己烂掉，等对方放狠话，等老板主动炒掉你……被动接受总比主动选择容易得多。因为这样就算日后发现这种舍弃是错误的，也不会悔恨压身，因为那是"没办法的事"，你也是迫不得已。

为了这个"将来不后悔"，你不知道错过了多少好东西。

想想，老天哪没有那么多时间帮你做决定，哪有那么好心总是给你提供正确的选择，所以你守着一份不怎么样的感情，慢慢就守到老了，你干着一份不合适的工作，慢慢就干到头了。本来还可以更精彩的人生，慢慢就陷入低谷了。

不妨常常跳出来做一些假设：如果你现在独身，那么愿意选择那个人做男朋友吗？如果你目前正求职，那么愿意接受一份这样的工作吗？如果答案是否定的，那就别等老天帮你了，自己做决定吧。很多时候，放弃才是最重要的选择。

我们不该让"书呆子"太尴尬

大妞是我发小,特爱学习,我们整条胡同的小孩都不同程度地恨过她。想想,在你玩不够疯不够对作业恨之入骨的年纪,偏偏有个小孩,放学就回家,回家就写作业,写完就读课外书,对着地球仪一看就看两小时,这种"别人家孩子"会给你造成多么大的压力。"看看人家大妞"是我们胡同家长的日常用语。而我妈稍有不同,她教训我的时候通常说:你能赶上大妞一个脚趾头也行啊!

神一样存在的大妞,就是那么高不可攀。她尤其钟爱地理。在我们还不了解地球生命存在的条件时,人家已经对索马里半岛的野驴沙鼠如数家珍了。

大妞后来考上了师大,又读了研,毕业后去省里最好的高中做了老师。

情况就在那时，发生了逆转。我也是后来才知道，当时学校安排大妞教语文，她不干，非教地理，校长和教务主任都找她谈话，她不改初衷，领导见她对地理也是真爱，也就从了。

但她妈心里是崩溃的。有次我们两家人聚会，老太太全程都在批斗大妞。

哪有这么傻的人呐……大妞妈鼓着气说：“教语文多吃香多受重视，学校升职评优肯定都紧着主科老师挑啊，在外面带个辅导班，一天也能挣好几百，她倒好，非教地理，这种副科谁当回事儿啊，教得再好有什么用？现在学校什么好事都轮不到她，你说教一辈子地理能有什么出息？怎么劝都不行，整个一书呆子，太愁人了。”

我妈也感到不可思议，喃喃道：“这孩子小时候多优秀啊，那么爱学习。”

大妞妈毫不留情地拔高：“这不就是学习学傻了嘛！”

大妞不说话，事不关己地啃着一个鸡爪子，啃完一个又拿一个，仿佛正被声讨的人她压根不认识。

我想该解释的她肯定早解释过了，但是说不通，索性也就不愿再多费口舌。三观不同，也确实不好沟通。

生平第一次，我对这个在精神上压迫我多年的发小有了点同情。

那天加了大姐微信，我回去后翻她的朋友圈，发现情况并不像她妈说的那么糟：她的地理课，是作为示范课让全省地理老师学习的，那课件做得活色生香，十分有趣，我一个地理盲看了都深受吸引。她还发过许多地理方面的论文，出过两本书，都有业界老专家作序。

碰巧我有个外甥是大姐的学生，那天聊起来，他说所有功课里，他最爱地理课，他们班没一个同学不喜欢地理的，因为大姐老师"太牛了"。

我也觉得好牛，不由得又敬佩起大姐来——比小时候看着她连年考满分还要敬佩。

书呆子大概分两种，一种是满腹经纶，但不能学以致用，在学术和生活中都僵化教条，既无法使他人受益，也没有真正提升自我。另一种，是对某一领域满怀热情和追求，沉浸其中不能自拔，为此甘愿放弃世俗功利，令人觉得不可理喻，但他们自己活得如鱼得水，也对社会有贡献。

大妞显然是第二种。这样的书呆子，我们是没资格鄙视人家的——推崇也许更合适。

钱理群先生说：时时刻刻倾注整个身心，其实是一种对学术、对自己工作的痴迷。痴迷到了极点，就有了一股呆劲、傻气，人们通常把这样的学者称为"书呆子"，在我看来，在善意的调侃中，是怀有一种敬意的：没有这样的"书呆子"气，是不可能进入学术，升堂入室的。

其实古今中外，有成就的书呆子数不胜数。

季羡林曾评价胡适是个"异常聪明的糊涂人""说不好听一点，就是一个书呆子"，说胡适有一次会议前声明要提前退席，结果会上有人谈到《水经注》，胡适立即精神抖擞、眉飞色舞、口若悬河起来，全忘了要提早退席的事。

这样的书呆子，想想还挺可爱的。

柏拉图也曾说他的学生亚里士多德是个书呆子。因为这个不乖顺的学生，自己读了太多书，以致跟柏拉图在思想上产生许多分歧，两人常常吵架。而最后，亚里士多德自成一派，成了百科全书式的科学家，思想影响过全欧洲，很多人认为他对世界的贡献无人能比。

我们常人，不大可能成为胡适这样的新文化运动开山宗师，思想也不可能影响全欧洲，但如果能像大妞那样，从事自己志趣所在的行业，让自己的学生个个爱上一门学科，自己开心，他人受益，又何尝不是件美事、乐事？

社会上如果有更多这样的书呆子，而不是充斥着为名利而读书的"聪明人"，想来要比现在好很多。正是这些活跃在不能升官发财的领域的"呆子"，使社会丰盛圆满，生机勃勃。我们应该欢迎这种书呆子，赞赏他们从事自己钟爱并擅长的行业，并以一股痴憨的劲头全心投入，极力做好，哪怕是不受待见的"副科"。

能不能容下更多的书呆子，也考验着整个社会的境界和文明度。退一步说，就算不能把书呆子列为榜样和正能量，我们也不该投之以看神经病的目光。

我们不应该让他们太尴尬。

"等"自然比"追"容易

幸福就像一只蝴蝶,你追逐它时,它是难以到手的,但当你安静地坐下,它却可能降落到你身上。

这是美国小说家霍桑的名言。我喜欢霍桑先生,也喜欢这句话,但冷静的时候我知道,这道理不像是真的。

人怎么才能获得幸福,这大概是全人类的终极命题,而且目前还没有完全正确的答案出现,在所有哲学家、心理学家或者妓女乞丐交出的答卷里,我们只能勉强分辨,有些比较正确,有些比较不正确。霍桑先生的答案貌似可以这样解读:幸福不是追来的,而是等来的。很多人(包括我)喜欢这理论,是因为我们都不想太辛苦,都希望付出很少就得到很多,"等"自然比"追"容易,如果可以安静地坐在树下等,谁愿意奔跑攀登、劳身劳神去追?

可惜我们的老祖宗早说了，天上不会掉馅饼。为了详细阐明此理，老祖宗还给我们附送了守株待兔的故事。天下之大，啥兔子都有，固然会有那么一两只莽撞瞎眼的一不留神撞树上，但这种追尾事故概率实在太小，你为此扔下锄头在树下傻等，"身为宋国笑"事小，荒废了农田和人生损失可就大了。

当然，也可能真有人每天都能捡到无端撞死的兔子，每天肩膀都会落上亲切友好的蝴蝶，那只能说他生活在兔儿岭或者蝴蝶谷，他的日子太好过，幸福触手可及，而且一抓一大把。这对于生活在正常生态里的我们来说，既不可比，也无法借鉴。

去年我和几个朋友去爬华山。华山有五座峰，出发前大家壮志凌云，说好了要全部爬完。但最后我们一行八人，七个只登顶了两三座，全部爬完只有表弟。回去后，我们集体遭到表弟奚落："之前都怎么拍胸脯保证的？"我们各自辩白，说反正都是差不多的风景，看了一处就等于全看啦。说虽然我们没爬全，但省下时间玩了别的也很不错。表弟嗤之以鼻，说都是狡辩。

我承认确实是狡辩。因为毕竟我们没有达成最大的心愿，就算后来也各有收获，心里其实也是遗憾的。

大概幸福就像那五个山头。千辛万苦去追，最终一座一座全部征服的幸福，和爬了一半便放弃，转而寻找更容易获得的幸福相比，前者肯定要高出许多。这大概也是"等幸福"和"追幸福"的差别。奋力去追的，一定是自己最想要的，而等来的，多半是在预知最好的得不到而不得不放弃，无奈之下退而求其次的选择。就像很多想当大官或赚大钱的人，一番追逐之后，发现能力时运都不济，或者前路太过艰辛坎坷，遂放弃宏大理想，转向家庭天伦，并也能在此发现许多乐趣。此时大概也会产生幸福"不去追反而落肩头"之感。但显然，此幸福非彼幸福，跑掉的那只和落在肩头这只，不可同日而语。

也许你说，并非所有人都志存高远，很多人最终想要的，就是简单易得的小幸福，比如庄子鼓盆而歌的幸福，陶潜采菊东篱下的幸福，这都是他们的终极愿望。但是亲爱的，要知道能够感知到这样的小幸福，并确定正是自己想要的，那可是需要极高境界的，不经过一番辛苦修为怕是难以做到——就是说，人家是先东追西赶抓了一大堆蝴蝶关在自己的屋子里，然后才有了幸福随时落肩头的好日子，后面的幸福全仰仗前面的努力。否则若换作平凡农夫，虽然也能体会到鼓盆而歌之乐，但没有辛苦付出得来的强大精神积淀，这幸福在他身上，就会单薄而脆弱，随便遇到点干扰或打击，他的心就乱了，那幸福的蝴蝶，也定会立刻飞得无影无踪。

所以真正的幸福一定是辛苦努力追来的，优哉游哉等到的，要么太小，要么根本不靠谱。更重要的是，奋力去追，就算没达成目标，多半也会有别的收获，而坐在树下干等，除了落叶和鸟粪，老天八成不会给你别的馈赠。

盯住眼前的小幸福

5岁的儿子从幼儿园回来,一进门就怒气冲冲对我说:"妈妈,楼下有个小孩说我是小胖猴儿!你把我那个喜羊羊的大刀拿出来,吃完饭我要下去砍他!"

我安慰了一下儿子,拿出苹果给他吃。儿子接过去啃了一口,开心起来:"这苹果好甜呀!我还以为今天又吃火龙果呢!我讨厌火龙果……"他津津有味地啃完了苹果,小胖猴的事早成了九天浮云。

过一会,老公下班回家,脸上愁云惨雾,说他负责的一个很重要的项目没通过审批,他大半年的心血白费了。这确实不是好消息,我听了他的详细描述,也不禁非常惋惜。

晚饭老公吃得心不在焉,他平时最爱吃的油焖大虾一口都没动,我剥了两个放他碗里,他也是稀里糊涂吞下去,食不知味的样子。

饭后,儿子下楼去玩,我故意提醒他:"你还没拿喜羊羊大刀呐!"他边跑边说:"不用了不用了。"而老公依然对着餐桌上那盘油焖大虾眉头紧锁,好像跟那几只虾有仇。

我忽然想,为什么孩子总是无忧无虑?因为他们单纯,只专注于眼前,一个苹果能让他瞬间心情转换,而一盘油焖大虾对一个成年人却完全达不到相同效果。

对孩子来说,吃苹果就是吃苹果,吃着苹果就不会再想打架的事,所以不管刚才多愤怒,一吃上甜苹果,马上就开心了,幸福就是这么简单。

而一个大人,却很难轻易放下满怀忧虑,专心去享受眼前的快乐,因为他清楚,吃完大虾,他必须还得面对工作上的不利局势。

可问题是,你不吃不喝,焦虑忧愁,情势就会好转吗?那个项目就会重新通过审批吗?当然不会,你只是放不下,那烦恼黑漆漆地压在你眼前,让你看不见生活里别的色彩,你躲闪不开,只好由着它,被它牵引追逐着,陷入一片黑暗里。

而这本来就是个焦躁的时代，我们总要面对各种扑面而来的烦恼，竞争上岗，末位淘汰，飞涨的物价，复杂的人际关系……这些事都不好对付，所以我们习惯了焦虑，习惯了被焦虑蒙蔽，总是苦大仇深地赶路，满眼荆棘坎坷，看不见晚霞，闻不到花香，我们把人生当作一场竞赛，而不是一次旅行，就这么匆匆忙忙奔向终点，也许只有抵达那一刻，才会蓦然发觉，我们这一路，不但没有赢了谁，连自己都跑丢了。

如果非要解决掉身上背负的所有压力，你才顾得上快乐的话，快乐必将遥遥无期。所以，必须得在那些所谓的大事之外，去捕获环绕身边的小幸福，跟父母一起晚餐，带孩子去游泳，换一个新手机，听一首老歌……把心放空，专心地做这些事，幸福自然会找上门来。

很多人在感到不堪重负时，会选择去旅行，到一个陌生的地方，在青山绿水中释放掉内心压力，暂时缓缓神。其实如果你有能力随时放下烦恼，把心放空，去感知身边的小幸福，你甚至不需要那样的旅行，因为不必通过外部环境的变更来转变心情，你随时可以让自己放松下来。

人生活里通常都不缺少幸福，而是缺少幸福感。很多时候幸福已经在眼前了，但是你不理它，因为你的心思都被忧虑占满了，你是迟钝的，缺乏感知力，感知不到大虾的美味，更谈不上去享受。这一点上，我们真该像孩子们学习，大虾在眼前时就享受大虾，大海在眼前时就享受大海，一心一意，不想别的，这是一种很宝贵的能力，只是我们在长大成人以后，退化掉了。

生活并不都是由大事件组成的，我们也没必要非得一门心思去追求多么远大的幸福，在眺望远方的同时，必须学会凝视身旁，若你能捕捉到眼前的每一个小幸福，悉心去品味它，那么就算身处逆境，生命也会是温暖的。

04

恋爱的智商

摧毁是更大的慈悲

并不是每个大龄剩女都急着摘掉悬挂胸前的"单身待解救"标签的,比如杨依依小姐。在修炼成"齐天大剩"的道路上,她是自觉自愿,从容不迫,不卑不亢的。

因为她有心上人,她有希望。这件事没有任何人知道,包括当事人蓝山。

杨依依和蓝山小时候是邻居,又是同学,整天混在一起玩儿,感情特好。那时候大人们常逗他们,问杨依依:"你以后跟谁结婚啊?"杨依依的回答永远是:"蓝山呗!"再问蓝山,蓝山也总斩钉截铁地说:"杨依依啊!"其实他们俩互相也没商量过这事儿,但不知怎么,答案就这么确定了。就像一加一等于二至今都没法证明,但每个人都认为那是对的。

可惜初中时，蓝山家搬走了，从此再无音讯。杨依依怀着那个美好的影子，按部就班地上了高中，又上大学，直到研究生毕业，才又极偶然地跟蓝山重逢了。是在一次极平常的聚会上，蓝山拎着一瓶啤酒走过来，"哐当"一下拍在杨依依眼前，说："杨叮当！"叮当是杨依依的小名，已经快二十年没人喊了。杨依依看着眼前恍如隔世的蓝山，眼圈一下就红了。

那天他们聊到深夜，彼此深感重逢恨晚。彼时，杨依依刚刚跟第四任男友分手，而蓝山已经娶了新西兰老婆。

那以后，杨依依一直跟蓝山保持着不太紧密的联络。有时候好几个月不见面，但一见面，就觉得特别亲，几乎无话不谈。有一次蓝山说：娶个外国老婆沟通起来真费劲，还是跟你聊天痛快。杨依依半开玩笑说："谁让你不等等我。"蓝山笑笑，不置可否。

蓝山的笑容占满了杨依依的心。一个念旧的女人，与少年挚爱重逢，那种冲击的猛烈可想而知。虽然他们从未有任何逾越之举，但种种迹象表明，他心亦然，爱情在他们之间真实存在，只不过他们都压抑着它。

杨依依再也不愿意去相亲，不愿与半生不熟的男人约会，她心甘情愿保持单身，以期将来某天蓝山忽然一转身，就能与她撞个满怀。

爱情总是给人以希望。尤其那些得到呼应的爱情。

这么一等就是三四年，杨依依的家人急得要死，但怎么催，她就是不交男朋友。直到有一次，久未联络的蓝山忽然打电话约杨依依去看画展，她接到电话，兴奋异常。碰巧姐姐在旁边，觉得不对劲，一问，知道是蓝山，顿时明白了其中的缘由。

三个月后，姐姐甩给杨依依一堆资料，照片、视频、电话录音，私家侦探耗时两个多月搞到的铁证，证明蓝山情人好几个，知己一大堆，而杨依依，只是其中一个不太受待见的小嫔妃。他随随便便派发给各种女人的动人情话，她都没份分享。

而更惨烈的事实是，蓝山老早以前就跟新西兰老婆离婚了，这两年他一直单着，但根本没考虑过同样单着的杨依依。

杨依依傻了，傻成了一只鸵鸟，把头埋进枕头里，叫唤着："我不相信，我不相信。"

姐姐不依不饶,把杨依依的头揪出来,当场给蓝山打电话。

简单客套了几句,姐姐说:"你跟小C、小F(他小情人中的两位)挺熟吧,我经常听她们提起你呢。"蓝山很惊讶:"啊?是吗,这么巧?"姐姐继续说:"听说你离婚两三年了,正好我妹也还没男朋友,要不你考虑考虑她呗。"蓝山尴尬地"嘿嘿"两声,说:"别闹了,我们俩怎么可能……对了,别告诉你妹我离婚的事啊,免得她担心……"

姐姐愤愤地挂掉电话,把脸凑到杨依依眼前:"这下死心了吧?他不是身不由己,不是言不由衷,不是忍痛割爱,他是压根儿就不爱,而且,他也压根儿不值得你爱,就这么简单。"

杨依依举起枕头挡住自己悲伤的脸,带着哭腔说:"姐你真残忍,你把我信仰都摧毁了。"

姐姐叹了口气,默默走出房间。一个星期后,她打电话给杨依依:"缓过来没?我有个特好的海归同事,给你介绍介绍?"

杨依依麻木地说:"好。"

一年以后,杨依依和海归要结婚了。往新房运家具那天姐姐很得意,说:"亏了我救你于苦海吧?"杨依依甜蜜嗔怪:"但是你那招也太狠了,一棍子差点把我打地狱里。"

姐姐拉着杨依依凑到窗前,指着外面一只苍蝇说:"看到没,你就是这只傻苍蝇,把幻象当真事儿了,隔着玻璃拼命想往里闯,其实第一它闯不进来,第二就算闯进来它也没好果子吃。但是它一门心思就想进来,你跟它讲道理没用的,唯一的办法,就是把它眼前的幻象打碎,它失去希望,才会放弃。"

很多时候爱情真假难辨。如果一方爱了,而另一方因为某种自私的虚荣而假装释放一些爱的信号,真爱的一方很容易被误导,被迷惑,变成一只拼命撞玻璃的苍蝇,这个时候,任何阻挡都会让她更勇猛,唯一有效的办法,是摧毁那个爱的假象,让她看清,然后绝望,然后回归理智。

爱情的终极渴望

爱上一个人,你最渴望的时刻是什么?

我做过小范围调查,答案五花八门,但有一个趋同的回答,男人是,跟她上床。女人是,与他相拥而眠——基本也属于上床,不过属于下半场。

终极渴望,常常是一面照妖镜,明明白白照出你的本心。从上面那个问题的答案,你就可以看出男女之间的差别有多么大。虽然结论都集中在床上,但那可不是上半场和下半场的区别。男人最期待的是激情一刻,可见他们对爱的需要是短暂的、激烈的、简单的和直接的。而女人最渴望与爱人相拥而眠,那是一种绵长的、柔软的、由身至心的温暖和安全感。所以说,对于男人,身体饱了,心就饱了,而对于女人,心满足了,才轮得到身体。

一位女友常对我诉苦，说她男人就是头野猪——野蛮，又猪脑。比如他们吵架，他总是在女友盛怒之下向她求欢，而且不由分说强制执行，有几次恨得她想拿刀捅了他。也或者他们在床上聊天，当女友开始表达对他的不满，他的解决措施就是，翻身上马，用身体沟通。我对这位女友充满同情，她男人确实配得上"野猪"的称号。当然，我也非常理解这位野蛮加猪脑的同学，他完全在用自己的思维思考问题，他一定认为女人和男人一样，搞定身体就搞定了一切。

就这个问题，我们曾经在一个群里讨论过，不幸的是，当女人们一再阐述女人要先情后性的观点，男同学们却执意认为那是女人的天性羞涩在作怪，他们深信女人和男人对性具有同样的需求，之所以存在表现上的差异，完全是因为"不好意思"。

这也是很多学者的观点。在两性关系上，自古便有诸多探讨，而且随着时代演变，理论也一直震荡更新。但常常，理论更新的速度，会大大落后于人性的变革。像现在，当苍井空大大方方地阐述"食色眠为人之三欲"的观点，当性话题广泛而深刻地出现在各种媒体中，你就该知道，女人对性的态度已经与当年的大家闺秀们天差地别。所以，女人对性爱的淡漠和被动，就算有羞涩和矜持的因素，也绝非主因，更重要的是，她们的荷尔蒙是包裹在心里的，你打动了她的心几分，她的荷尔蒙就释放出几分。只有你完完全全进驻到了她的心里，她的身体才会对你城门大开。这让女人的感情有点复杂，不像男人那样简单明快。也所以，情感专家热衷于把男人女人定义为两个不同的物种，因为他们在对待感情问题时，习性大不相同。

因此，在感情问题上，男女之间最忌以己度人。当你们之间出现匪夷所思的麻烦，你得时刻想着，你跟他，不是同类，你要做的，不是用自己以为的常理去推测他，而是试着去了解属于他的那个物种的习性，然后，用他们的思维去思考，思路正确了，问题才能迎刃而解。

这件事上，我们可以向俄罗斯大红大紫的美女间谍查普曼取经。当她被问及如何征服目标男人时，她的答案是：我会想象我是他。

这是个极经典的答案，适用于所有面临感情问题的男女。虽然不那么好做到，但确实是一剂良方。

恋爱的智商

女友W，年过三十，拥有与苍井空一样傲人的童颜巨乳，人又单纯外向，单凭这几个特质便可想见，此女桃花运不是一般的旺。可惜她运气总是不佳，开在她身上的，一朵一朵都是烂桃花，情路极其坎坷。

我了解W，她其实对每段感情都是认真的。尽管总有大把的选择机会，但每一次恋爱，她都非常慎重，并抱着百年好合的决心。偏偏男人们不作美，或长或短的一段恋情之后，总是弃她而去。而且，通常都是起初男人一天十八个电话追她，最后被她一天十八个电话追。W特别想不通，为什么当初热情似火的男人们最后都变得冷若冰霜，她甚至怀疑自己被什么人下了蛊，否则为什么她的爱情总是得不到好下场。

前几天，W又结束了为期半年的感情。而且与以往一样，又是"他说他没感觉了"。通俗点说，就是她又被甩了。W愤愤地说，他居然跟一个同事好上了，那女的，别的不说了，戴A罩杯的胸罩都挂不住，我真奇怪，他怎么就能看上她？

不知道胸大无脑这件事到底有没有科学依据，但是在W身上，我怎么觉得体现得那么淋漓尽致。她大约习惯了人们惊叹于她的"胸猛"，太把自己傲人的E罩杯当成制胜法宝，从而忽略了自身的修为，导致大脑严重缩水。当她贬低前男友的新欢"连A罩杯都挂不住"的时候，她如何能知道，对方虽然胸不大，但大脑可能比她大N倍，如果脑容量也有个标准的话，可能人家的大脑是E罩杯，而她能不能挂住A还很难说。

这其实是W，以及很多性感女人总在感情里遭遇悲情的根本原因。你再怎么"胸悍"，也只能吸引男人停下来，而真正让他们留下来的，是你大脑的罩杯。一个真正有点追求的男人，一定不会只追求下半身的满足，当他的目光由表及里，对你的智商提出更高要求时，一旦发现你确实头脑简单到"老虎老鼠，傻傻分不清楚"，那么你们的感情，恐怕就要另起一行了。看看36岁的太平公主大S一举战胜35D的安以轩的经典范例吧，你就该知道胸大和脑大之间的巨大差异了。

一段完美的感情，通常都是从神秘和好奇开始，慢慢走向两个人心灵上的契合。而这种契合，取决于两人的智商和情商，只有两方面都一致，才能成就一段理想的关系。对于一个低智商的女人来说，任何高智商的男人和你在一起，都会很快发现你们不是一路人，然后断然放弃。他智商的高低决定你们在一起时间的长短。而如果你有幸刚巧遇到一个和你智商差不多的男人，很遗憾，那样的男人你压根儿看不上。所以，你的感情总是杯具。

怎么从这种杯具里解脱呢？有两个办法，一是提高你的智商，二是降低选择标准。对于第一点，常人怕是难以做到了——对一个成年人来说，这个社会有三样东西是不涨的，薪水、身高和智商。那么，如果你还想爱得幸福点，唯一的出路就是重新进行自我评估，在正确认识自身价值之后，谦虚一点，自降身价，从那些你不大看得起的男人里面选一选，选准了，没准还真能成就一段好姻缘。

愿你学会，笑着低下头

在电影院排队买票，我前面是一对年轻恋人，刚排到他们，一位妈妈领着孩子急匆匆挤过来，直接冲售票小姐说："我们的已经开场了，先给我们出票吧。"

我前面的姑娘不乐意了，说："您排一下队好吗？"

那位妈妈完全不理，直接递钱给售票小姐："孩子急着看，麻烦你先给我们出吧。"

姑娘有点火，伸手去挡。

眼看要闹起来，旁边的小伙子轻轻拉过姑娘，笑着说："让她吧。"然后示意售票小姐先给那对母子出票。

姑娘生气。小伙子笑着拍她肩膀说:"不要紧,我们又不急。"

我顿时觉得这小伙子真帅。

有时候跟讨厌的人顶上了,非要较真的话,讲理讲得赢,打架也打得赢,但是赢了一件小事,却损失了时间和心情,划不来。不如低低头,让她过。而重要的是,低了头,心里也不拧巴,还开开心心该干吗干吗,这就是种境界了。

去年我的朋友大妮单位集资盖房,盖好后大家抓阄分房,大妮运气不错,抓到三楼。正美呢,领导找她,说:"单位一个老大姐抓到五楼,觉得年纪大了爬着费劲,非要换,你愿意跟她换换不?"

大妮说:"我孩子才三岁,爬五楼也费劲。"

领导挺为难,说:"那大姐特难缠,天天打电话找,关键她妹夫又是公司的直管领导,不好得罪。"

大妮想想,说:"那就换吧。"

领导有点过意不去,说:"委屈你了。"大妮说:"没事儿，就当抓阄抓的五楼了，而且天天多爬两层还减肥呢，孩子过两年大了，爬五楼也不是事儿。"

就这么换了。换完大妮也没觉得委屈，跟那位老大姐还乐呵呵地处得很融洽。大姐挺感动，跟谁都说大妮好。她领导也领情，今年有个去英国学习的名额，二话不说就派给大妮了——这里面可能有其他成分，但换房事件功不可没。

其实人都不是圣贤，对大妮来说，到手的利益要拱手让人，没点胸怀没点格局做不到。而让出去以后还能想得开，不怀恨怨恼，真挺不容易。只是她做到了，好事儿就跟着来了。

人生是一盘很大的棋，你在这里迂回一下，可能就在那里蓄积了力量，该让的让过，不会亏的——用佛家的话说，福报在后面。能在利益或者是非面前，笑着低下头的人，想必会活得更加自在安乐。

过去我们总强调"就算含着泪，也要昂起头"，人生确实需要这股不服输的劲头。但头要昂得起来，更要低得下去。笑着低下头，也是个很美的姿态。很多时候，我们其实更需要有这种姿态。

在非原则性的事情面前低个头，不较劲，不偏执，退让一步，做点不伤筋动骨的妥协，这是在理性上对客观现实的合理把控。而在退让之后，也不觉得拧巴，淡然一笑当事情没发生过，不憋屈不失衡，内心依然平和，这是在感性上对内在精神安宁的有效维护。

生活里，能低下头的人很多，但多数人是怀着怨愤低下去的，委曲求全，心里百般不爽，暗暗恨他人无理，怪自己窝囊，想着老子记着这事儿，总有一天要找回来。

这样也不好。想想，你给了别人便利，放过了别人，却跟自己过不去，不肯放过自己，这多傻。

主观上不想相争也好，客观上不得不让步也好，如果相让是更好的处理方式，就让一步好了，而如果事实上已经相让，心中自然便该放下，纠结怨恨只会徒增烦恼。

愿你学会，笑着低下头。

在朋友外面,在家人里面,在爱人身边

十六岁那年,她离家出走。小女孩离家出走通常不是什么开心事,但她不,背着帆布背包迎着朝阳走向汽车站时,她心情无比清爽畅快,仿佛离开的是一个监狱,一个战场,一个垃圾堆。

那怎么算得上家呢?那个暴躁的随时准备抄家伙打人的爹,那个刁蛮的永远怨气冲天的妈,那个三个人谁看谁都不顺眼的小团体,简直玷污了家这个称呼。

她投奔了在隔壁城市打工的闺蜜,这是早就联络好的,闺蜜了解她的处境,很义气地收容了她,还介绍她到自己打工的厂子工作。

刚开始都还不错。她换了新活法后,踌躇满志意气风

发。她的俊俏活泼赢得了小组长的喜爱,他对她很好,总把最轻巧的活派给她。她开心又得意,完全没意识到小组里十几个女工都为此窝着火,其中也包括救她于水火的闺蜜。

她渐渐不明白怎么大家都冷淡孤立她,老拿她当靶子,她一个小错,就被宣扬得满城风雨。闺蜜指点她:"别跟组长走太近。"她当然不愿意,隐隐觉得闺蜜是在嫉妒,心里不禁失望。后来有一次,她和组里一个姑娘吵架,工友们都帮那个姑娘拉偏仗,六七张嘴一起数落她,而在她委屈无助时,闺蜜远远地躲在一边,没帮她说一句话。

她想,那是因为嫉妒而生出的冷漠和绝情。

她们之间于是有了很大隔阂,而不久之后,小组长也不再对她好。她不得已离开了那个几乎全是敌人的厂子,流浪到别的城市。因为已经有了一点钱和一点工作经验,也慢慢地生存了下来。

再回家时她已经二十五岁,父母都有点老了,对已经崛起的她有了些敬畏,不再动辄打骂,于是她留在他们身边,结了婚。

老公是个生意人,本性敦厚,但生意做久了,难免有些狡诈习气。她常常觉得不对劲，店里的账目不对劲，他的行踪不对劲，于是免不了去查，发现一点问题，便生气，较劲，他搞不过她，只好一步步退让，钱全交给她管，手机信箱随她查，天长日久，他怨气越来越多，两人开始整日争吵，情况像极了当年她的父母。

一次他大打出手后，她遍体鳞伤地回了娘家。老爹见状愤怒不已，直接抄起棍子要去弄死他。老妈破口大骂，说："你去弄死他，回头你也死掉，我们娘俩都守寡，都清静。"

老妈是怕他们出事，她当然知道。

换作以前，她一听爹娘吵架就烦死了，觉得他们真是不可理喻。但这一次，在老爹的愤怒和老妈的咒骂里，她深切体悟到，他们是爱她，只是表达方式太粗暴了。她也明白了其实他们一直在以这种方式爱她。而她从来只看到这粗暴，没琢磨过那后面是爱在推动。

那次动手之后，她和老公达成协议，她不再控制他的花销，不再干涉他的隐私，而他保证绝不做有愧于她的事，否则就净身出户。

日子太平了许多，她心态也变了许多。有一次老公的手机落在家里，她连想去翻看的念头都止住了。因为知道多看无益，只要他还一心一意为这个家奔忙，就不会有太大差错。

再后来，她想起当年收留自己的闺蜜，心里的感恩多过了怨恨。不管怎样，人家是帮过她大忙的。那些小嫉妒，实属人之常情，本来就不该计较，那时候她太较真了。

她在三十五岁这年，终于知道为什么这些年日子总是别扭，她是把家人、朋友、爱人的位置搞乱了。

对家人来说，因为太亲密太熟悉，便常常用简单粗暴的方式相处，于是难免彼此误伤，这时候其实应该抛开表象，去看他们的内心，看清他们真的是为自己好，便很容易原谅那些无礼的伤害。而朋友则不同，再好的朋友，也不会在所有时间所有事情上都步调一致，大部分时间，总要各自为谋，她有她的心思，你有你的打算，所以不能计较她偶尔的自私、虚伪、不妥帖，更不能过多揣测她的思想，否则多半会失望，继而失去她。你愿意与某人做朋友，就说明他的好是多于坏的，那么你最好就站在一个刚好看得清好、看不清坏的地方，投以欣赏的眼光就行了。而爱人，应该是介乎亲人和朋友之间的存在，双方既像亲

132

133

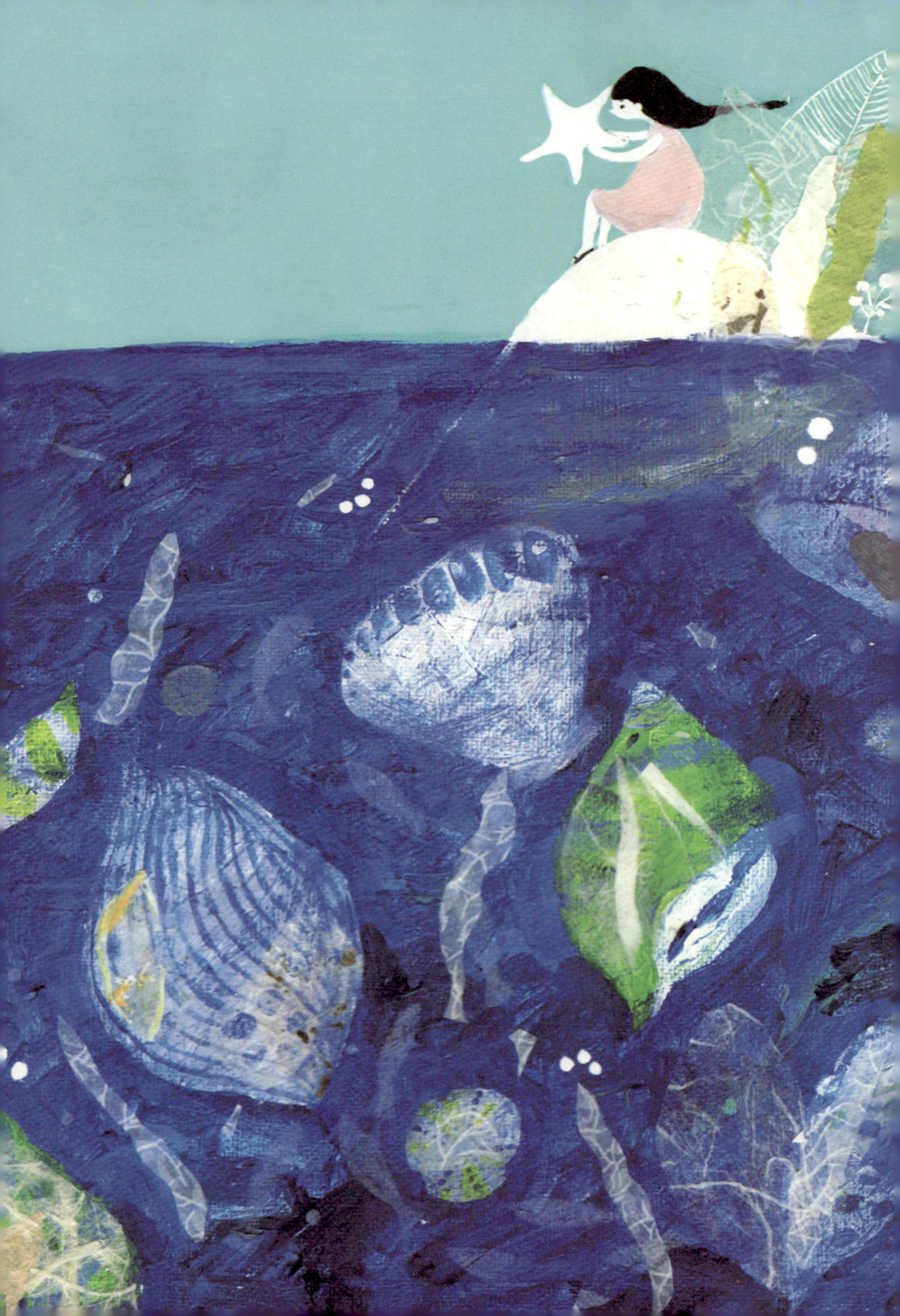

134

135

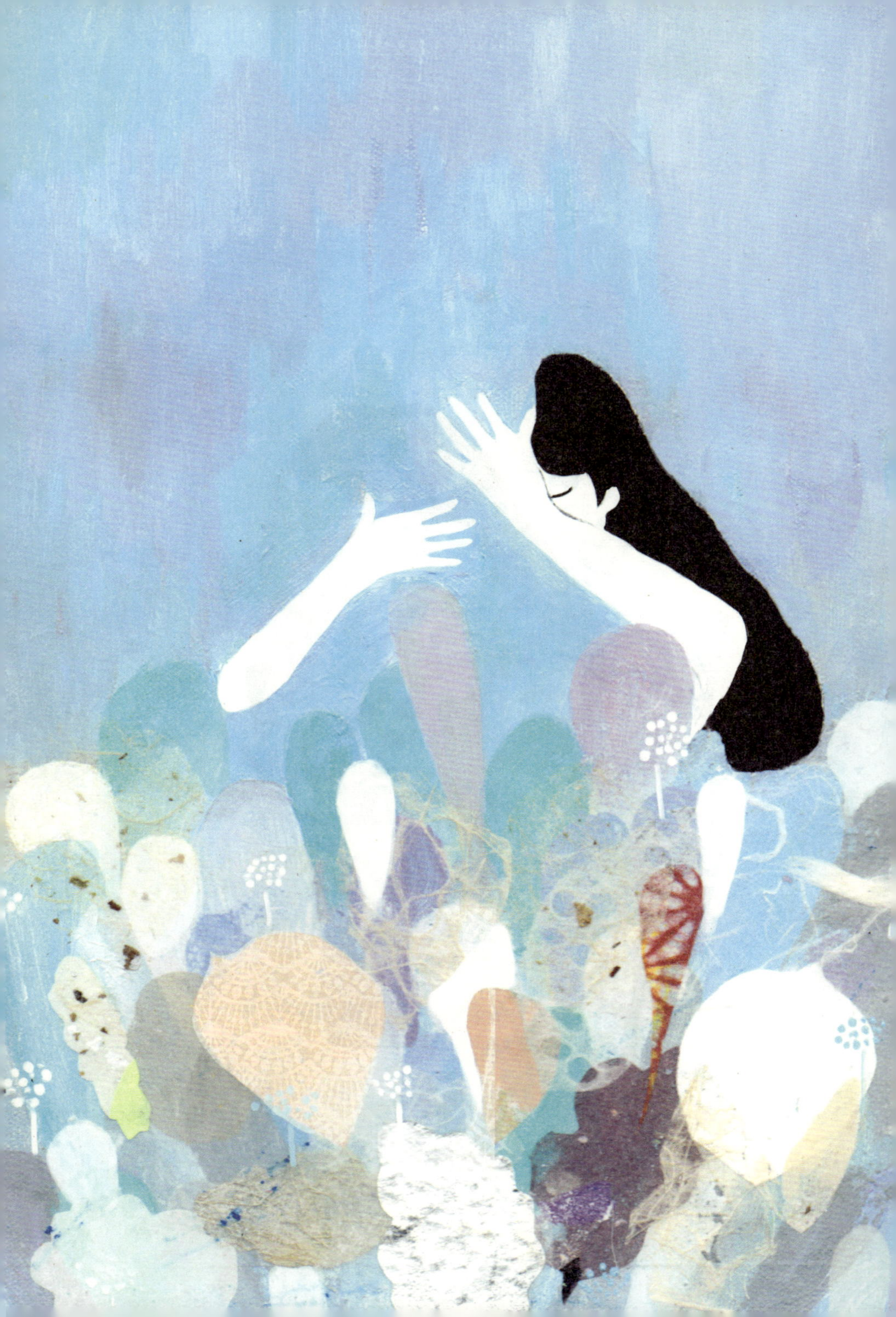

人那样彼此相爱，又像朋友一样各自独立，所以既要贴着对方的心，又不能过于冒犯那颗心，这分寸极难把握，需要两个人长久地相互调整适应。

就是说，我们这颗心，应该钻进家人心里面，站在朋友心外面，贴在爱人心旁边。保持正确站位，才能营造一片和谐。

享受工作带来的成就感

好久没去瑜伽班,周末终于去了一次,刚进门,就有个挺精致的女人过来亲热地打招呼。我看着她,有点眼熟,但搜遍大脑的每个角落,也没翻出这个人来。她看我发愣,就笑了,说:"我是S呀,忘啦?"

S这名字我记得,两年多前我们一起报的这个瑜伽班,那时候她老公正催着她离婚,她精神状态很不好,用她的话说,想练练瑜伽放松放松,免得被逼疯了。每次练完,我俩都在训练馆旁边的小咖啡馆里坐一会,她需要倾诉,而我是个称职的垃圾桶。

那时候的她很普通,微胖,脸色黄,一朵花快要开败的样子。跟这次相比,差别巨大。我捶了她一拳说:"怎么变这么美了,整容了啊你?"她喜笑颜开地比画着说:"嗯,你看，割了双眼皮，隆了鼻子，挖了酒窝，削了下巴，还丰了胸，效果还可以哈？"

效果当然不错，简直是惊天大逆转啊。

那天瑜伽课结束，我俩又转移到咖啡馆聊天。我才知道她离婚两年了。因为之前她一直做全职妈妈，没有收入，没有抚养能力，所以孩子归了她老公。他们那套房子卖了七十多万，分给她三十万——那就是她的全部了。她一个34岁的弃妇，没工作，没家，一个人带着几件旧衣服租了个小房子，很惨。

她说，那时候太绝望了，想孩子想得要发疯，再想想跟老公多年的感情和他后来的绝情，更是要疯，再想想毫无指望的未来，就根本不想活了。好几次夜半无眠时，都差点推开窗跳下去。

那段时间她也不工作，白天在家睡觉，晚上蓬头垢面去小餐馆喝酒，有老男人来搭讪揩油，她也不拒绝——完全破罐子破摔。

还好后来一个大学同学收留了她。她是学服装设计的，在学校里成绩很好。同学做了一个设计公司，得知她的惨状,就让她一起来干,好歹混口饭吃。

她起初很不自信,觉得专业扔了这么多年,肯定干不好,实在不想拖累同学,就一再推辞,说别管我了,就让我破罐子破摔吧。同学说,你不就是离个婚嘛,把自己搞成这样犯不上,要真是个破罐子,摔就摔了,可你这么好的青花瓷,摔了多可惜。

这么被鼓励着,她去了同学公司。其实她还真是搞设计的料,艺术感觉非常好,设计了几件衣服,得到的评价都挺高。这让她慢慢有了信心。和她一起工作的都是些二十五六岁的姑娘小伙,思想前卫,打扮潮流,她混在那个队伍里,为了不显得自己太差劲,也慢慢学着打扮自己,化妆,穿时尚的衣服,人家小姑娘割了双眼皮效果不错,她也去割了一双,人家要隆鼻,她也跟着去隆。这么一点点调理下来,整个人还真就不一样了。刚来时小业务员看见她,都喊阿姨,现在自动改成姐姐了。

最重要的是工作带来的成就感。她设计感觉好,很快就升职了,薪水也涨了不少。前段时间还有别的公司高薪挖她过去。她跟同学开玩笑说:"我也是有身价的人了。"同学说:"其实你一直有身价,你自己不知道罢了。"

S说:"我现在才知道啥叫重生。刚离婚时觉得自己就是个又老又丑没人要的可怜虫,走在路上都不好意思抬头。现在虽然比那时候还老,却反而觉得自己正当年,觉得还能活出无限精彩来,未来特美好。"

我简直对S肃然起敬。对女人来说,在感情失败后脱胎换骨重新做人是件多么不容易的事,她居然做到了,而且做得这么好——不是说她变得多美,赚了多少钱,或者又嫁了个多好的男人,而是修炼出了这么好的心态和精神面貌。

想想,不知有多少女人,在婚姻失败后,整个人就颓靡下去,破罐子破摔了。其实应该想清楚,失败的只是自己人生的某一个角色,这块地不收,咱完全可以换块地再种,换一片天空咱说不定活得更明媚。别人当你是破罐子,你得证明自己不是,只要自己不放弃自己,就总能找到重新焕发光彩的土壤。

所以,不管怎么被遗弃,被鄙薄,被轻贱,也要记住,咱是好罐子,不摔。

如何做温饱富足的小女人

我的隔壁，住着一对夫妻，30多岁，男人每年赚大把的钱，忙得要死。女人不工作，在家里闲着。我和女人很说得来，没事就跑去跟她闲扯。熟了，就说点小隐私。她告诉我，男人平时很少回家，每次回来，都跟饿狼似的，要个没够。我说你饿不？她笑嘻嘻地说："不饿。"我毫不留情地戳穿她："不对，你饿。"她就退一步说："饿也没他饿。"我乘胜追击："不，你比他饿。"

她饿，我分明看在眼里——我说的饿，是情感的不温饱。每次我去她家里，她都掰着手指头跟我算，她男人多久没回来了，然后抱怨他没心没肺，三天都不给她打电话，她要在家找个小情人儿，他一准不知道。有时候她会畅想，以后他不忙了，得让他天天在家陪她，把浪费的光阴都补回来。反正跟我在一起，她无时无刻不在诉说着：她的情感空缺，填不饱，不快乐。

我就想，这个时代的女人，注定要挨饿——为了美，要减肥，肚子活生生地受着罪。这也罢了，自己愿意的。不幸的是，与此同时情感也在挨饿。这个时代赋予男人的使命是事业附加爱情，而女人的使命是爱情附加事业。换句话说，男人拿事业当爱情，女人拿爱情当事业。这直接引起爱情关系的供需不平衡。通常，在情感上男人觉得给五分就够了，而女人却至少要八分。所以，女人的感情总是饿。

又想起了我的一个美女同事。她每天与老公吵架，毫不夸张，就是每天都吵。虽然都是鸡毛蒜皮的小事，却搞得日子鸡飞狗跳。那么美的一个女孩子，刚结婚就整天眼泪汪汪，洒向人间都是怨。她告诉我，她老公从不送她礼物，从不接送她上下班，从不主动与她聊天，从不说一句甜言蜜语……我理解她，她之所以总是与老公吵架，完全不是因为他忘记扔垃圾、睡觉呼噜太响、偷偷把钱借给朋友……完全不是，她不满，她失望，她愤恨，只有一个原因，她饿。但是，这种饿，说不出口。她不能直接拉着他说，你给我的感情太少，不能满足我的需要——这话真没法说。我心软，逮着个机会，以旁观者的身份劝她老公，要疼老婆、宠老婆，晚上抱着她睡觉，白天拉着她的手上班，与她交流感情对她说甜言蜜语。苦口婆心说了半天，那男人哈哈一笑："姐，你说我不疼她，我每月工资奖金一分不少交给她，这不比什么甜言蜜语都实惠啊！再说，还抱着她睡觉，今天39度，开着空调我还冒汗呢，再抱着一个，咱还睡觉不……"他一番话说得我哑口无言，不是一条道上的，跑到黑也是汤水不进。这真是天不怕地不怕，就怕找个男人不开化。

可是万一偏偏阴差阳错就找了个不开化的男人，怎么办？也有办法：减肥。这个肥，是情感的肥。你千辛万苦把身体的肥减了下来，未必活得快乐。要把感情的肥减掉，胃口小了，才是治本之道。感情里面的真理是，爱得多的那个人，注定要活得卑贱。你要爱得比他少一点，才会感觉到被他的爱包围着，才能凌驾在他头上幸福地翱翔。

回头想想，还是大师李敖说得好，不爱那么多，只爱一点点。因为只爱一点点，所以只要被爱一点点。一点点，应该很容易得到吧，那么，你就可以做一个情感上温饱富足的快乐小女人了。

谁的爱情不沧桑

她开始筹划一次旅行。这是她最后一个赌注。

姐姐在电话那边痛骂她:"别痴心妄想了,变了心的男人,是回不来的。痛痛快快离了吧,看你都瘦成什么样了。"

可是,她不甘心。自从那天在那个女人的博客上,看到他们的亲密合照,在澳门,在大阪,在维也纳,在墨西哥……她的心就开始翻腾,像被烈火烤着,很疼,很烫,很不平静。以前他出差,她总会问:"可不可以带上我?"答案每次都是斩钉截铁的不可以。后来她不再问,乖乖守在家里等。却不想,原来每一次,他都有佳人相伴。

他们结婚九年,只旅行过一次,还是结婚旅行。两人一起去湘西，住潮湿的小旅馆，吃路边摊，在草帽店拼命跟老板杀价。但一切都是快乐的。他们穿着五十块两件的情侣装，坐在古城的石桥上，在初夏轻柔的夜风里，憧憬未来的好日子。他说："等以后有了钱，我们就满地球跑，住最豪华的酒店，门把手都是纯金的那种。不过你得保养好身体，别出去的时候跟不上我，让别的老太太把我领走了。"

没想到真的就有了钱，没想到他真的就被领走了。

那么，在一切结束之前，你可不可以再圆我一个夙愿？

他当然是不情愿，微头微蹙，说："哪有时间。"她淡淡说："最后一次吧，回来我们就办手续，要不总是觉得有个心愿未了。"他意味深长地看她一眼，点头应允。

瑞士卢塞恩，一个安静小城。她选的地方。此行不看风景，不读历史，不吃喝玩乐，她只想找个安静的地方，跟他过几天安静的时光。

入住。她一边安置行李一边说："我查了所有酒店，也没找到你当年说的那种门把手都是纯金的……"话没说完，他的手机响了。他接起来，嗯嗯啊啊，一副说话不方便的样子。然后索性去了另一个房间。她听着他在里面压低的笑声,暗自后悔,真笨,就两个人,还订个套间干什么,真是钱多了烧的。

那通电话打了好久。等他出来,她已经叫人送来了晚餐。"吃吧,"她说,"都是这里最有特色的。"他坐下,自知理亏,看看她说:"你出来也没件漂亮的衣服啊,明天带你去买两件吧。"她笑笑说:"我还带了两件更丑的呢。"说罢从包里拿出来——上次结婚旅行,五十块买的那两件情侣衫。果然更丑。

"换上我们合个影吧。"她不容他拒绝,三下两下给他套上,自己也换好。那件衣服显然已经不适合他了,紧紧箍出他微圆的肚腩,很好笑。她拍着他的肚子说:"我佛慈悲。"气氛很好,他们自拍了几张合影,相机里面,笑盈盈的两个,很和谐。

第二天,早餐后他们去湖边漫步。阳光微眩,她拿出太阳帽给他。他顺口说:"还是跟你出来省心。"话落,自知走嘴,赶紧转移话题说,"前面有长椅,坐坐吧。"

坐下。沉默。好一会儿,她终于开口问:"她很小吧?""嗯。还不是太懂事。""我像她那么大的时候,也不懂事。""你怪我吗?""怪。不过我想以后不爱了,就好了。""对不起。""你走的话,把现在的房子留给我就行,别的我不要。""东郊那套也给你。""那套给你妈吧,她喜欢。""我还没想好怎么跟她说。她习惯你了,换个新人,怕她不接受。""以后我还可以常去看她。""你以后有什么打算?""看看还有没有人愿意娶我。""一定会有,你这么聪明贤惠。""可是老了。""老有老的好。""没想到我们这么快就到头了,以前还以为我死了一定得跟你埋一块呢。""……""那个,如果我能见她一面也好,有些事我想跟她交代交代,这么多年,我好不容易把你的身体养好点,别再糟蹋了。""……""幸亏我们没孩子,要不就更难办了。""我们准备准备要孩子吧。""啊?""你能原谅我吗?""能。""那我们还好好过吧。"

阳光从云彩里开出花来,卢塞恩湖里的两只白天鹅慢悠悠地游着,须发白首的,像对历尽沧桑的老情人。

成熟的爱情

05

把女人训哭的男人，把男人闹服的女人

自古，征服异性就是人类自我炫耀的本钱，无论是男人降服女人还是女人搞定男人，说出来都是如后羿一箭射下太阳般令人骄傲自满的事。所以你总能听到人们有意无意地表白，讲自己如何把另一半收拾得服服帖帖。

比如昨天，C男大肆在办公室讲，他开车拉着父母去接女朋友，准备一起去看话剧，结果在女友家楼下等了二十分钟她才下来，说是化妆了，"我气坏了，在车上教育了她半个小时，把她训哭了，话剧也没看成，哭着走了。"

C男气鼓鼓的不满里，透露着显而易见的得意：瞧啊！我多牛，我敢教训我女人，而且把她训哭，多大的勇气和本事啊。

他一定以为女友的哭，是因为羞愧内疚。但拿脚趾头想想，这世上会有一个女人，因为化妆耽误了二十分钟而羞愧得哭了吗？她是委屈吧？人家的潜台词一定是，我也是想漂漂亮亮地见你和你妈，精心打扮是给你面子，耽误时间是我不对，但你至于这么大动干戈吗，要不是有二老在，姑奶奶早甩脸走人了，谁受你这份气？

可惜那个傻瓜还在自鸣得意，以为自己在敌我斗争中取得了阶段性胜利，说不定以后还会再接再厉，越战越勇。那么等待他的……真不忍心替他设想。

问题是这种男人还不少。我不知多少次听男人炫耀"我把她说哭了"，这种炫耀明眼人看来完全是一种自毁，它丝毫不能证明你的能干，反而恰恰泄露出你的低情商——若不是犯下弥天大罪，女人绝不会因为羞愧而哭泣，她们被你说哭，一定是因为委屈，因为你无礼莽撞，你不解风情，你让她失望——这有什么可炫耀的吗？

而角色对换，女人用来制服男人的办法通常就是，闹。传说中的一哭二闹三上吊，其实核心就一个，闹。每当男人不肯在意志上屈服，女人便闹他一闹，大事大闹，小事小闹，直到把男人闹服。我曾以为这种胡搅蛮缠、撒泼耍赖是农民大娘的专利，不想都市白领们亦得其真传。前段时间跟一公关公司的硕士姐姐聊天，伊大谈如何将其老公收拾得服服帖帖，说了半天，我领悟出来，无他，唯大闹尔。他夜不归宿，闹。他有可疑短信，闹。他不记得她生日，大闹。最后终于把他闹服了。她听闻我老公常年在外，甚少回家，瞪圆了眼睛给我指点迷津：你闹啊，不闹他能回来？

可是，闹回来的男人，心能甘吗？他心不甘情不愿，能打心眼里疼你爱你不？能不离不弃生死相依不？也许能，那一定是他没别的出路，若有，早跑了。

征服异性的确是莫大的本事，但前提是要征服得心服口服，而不是让对方委屈无奈有苦说不出。所有把女人说哭的男人和把男人闹服的女人都一样，是在拿感情的老本换取暂时的胜利，杀敌一千自损一万，胜之不武，也十分不值。

好好先生L君

晚上部门聚会,按照惯例,L君是不会参加的。他是本单位著名的好好先生,不跳舞、不泡吧、下班就回家,我们的腐败活动他几乎从不参与。不想这次,该君居然一反常态,大摇大摆跟着来了。众人纷纷问其原因,L咧开大嘴一笑道:"我老婆跟一个老同学约会去了。""男的女的?""男的啊。""你没事吧,你老婆跟别的男人约会你还乐!"L摇头:"约的还不够哇。"

大伙儿对此话的反应明确地分成两种:女人们都奚落L,说他口是心非。男人们却纷纷点头称是。后来此事就变成了男女两派同事的论战。男人们说,女人就是把什么事都太当真,感情要求太高,多累啊,不如解放自己也解放男人,彼此都放松放松。女人们痛斥:你们男的贱不贱啊,我们严格自律不乱搞男女关系还成罪过了,你们不就想自己出去花天酒地嘛，要不是我们女的使劲拉着，指不定出什么事呢。

这话该怎么说呢。其实我很理解L君的烦恼。他老婆骨子里特正统、特敏感，她自己绝不会有半点破格的行为——别说吃个饭、泡个吧，就连玩笑都不跟男的开，那叫一个忠贞守妇道。这次赴男同学之约，也是因为有求于人，才勉为其难去了。当然，守妇道也不是坏事。问题在于，严于律己者，必严于律人，她自己这么做到了，自然要求L君也和她一样心若止水、纯洁无瑕，若L有一点风吹草动，她就恨不得跟他拼命，L跟女同事出个差，她一天十八个电话跟着。说实话，这要求对于男人来说，确实高了。在感情方面，男女天生的需求不同，是生理问题，不受品德控制。好比两人一起吃饭，女人就愿意守着一盘菜猛吃，吃够了为止，男的却总想多换点花样，吃着这个看着那个，觉得哪个都不错。女的自然不乐意，两人合伙过日子，你能满足我，我怎么就不能满足你，我比你差哪儿？男的有苦说不出，心里就恨不得女的也想换个样，理解理解他的苦处，别对他那么严格要求。

当然，男人对女人的忠贞是有很高要求的。没有谁家老公看着自己老婆水性杨花而无动于衷。只是女人天生就专情，她就愿意把感情都投放在一个人身上，你让她三心二意，她还做不到。只是，一旦她用同样的准则把男人拴住，男人们就受苦了。有苦处，自然就生怨气。不知道多少老公心里大概都憋着这样的话：我多看几眼美女怎么了，我跟别人调个情怎么了，你要死要活的至于吗，要不你也去，我不管你。

所以，女人大可以自己恪守妇道，但千万别要求男人也和你一样守夫道。把你的线放长一点，给他一个释放的空间，别让他在心里积压对你的怨气，这样天下不但不会大乱，还会更加和谐。当然，开放的尺度，还靠你把握。

别人家的女人

我不是耸人听闻。每一个婚姻,都有第三者。

我说的第三者,未必真的在你们的小窝里插了一脚,但其影响却至深至远。站在女人的角度,这个人可能是你老公曾痴心追求过的女人,可能是他暗恋多年的女人,或者是他的美女同事,他的前女友,甚至是任何一个不经意进入他眼球刺激他荷尔蒙分泌的性感女子。

表面上,这个女人与你们的生活毫不相干,人家在自己的轨道上运转良好,全无介入别人情感生活的准备。可是,由于种种原因,她不同方式不同程度地在你老公的心中占据了一席之地,像一种细菌,极细微地存在于你的生活里,让你产生明显不适,却挥之不去。

此类第三者的可恨之处在于，她们隐秘，主观上又无过错，让你无法拉过她来真刀真枪地与之角斗。你纵有十八般武艺，也只能在家里打空拳。

我的闺密，多次用恶毒的语言诅咒一个女人。那个人，曾在多年前毫不留情地抛弃了她老公。她见证了老公对那个女人的爱恋，内心耿耿于怀。新婚之夜，她犯贱，半开玩笑地问老公："如果现在那个谁回来找你，我们两个，你选谁啊？"她老公幽幽地说："她不会回来的，我这辈子是得不到她了。"说着，眼圈居然红了。

美好的洞房花烛夜就这样被她老公的答案摧毁了。一起毁掉的，还有她对这段婚姻的信心。她相信如果哪一天那个女人真的回来找她老公，他必定会弃自己而投奔她。哪个女人愿意接受这样的感情呢？那晚，闺密看着满屋子的大红喜字，大哭。哭归哭，总不至于为此去离婚吧？日子还得过。既然不离婚，就不能总对着老公苦大仇深，于是，她下意识地把对老公的怨愤大部分都转移到了那个女人身上，希望她活得卑微落魄，尽早变成大胖脸水桶腰一笑满口大黄牙的老娘们儿，以断了她老公的念想。

我当然知道那个女人是无辜的。可是没办法，谁让她得到了一个男人不合时宜的爱，那么就要同等地承担其副产品——一个女人旗帜鲜明的恨。谁让她是人家婚姻里的第三者，尽管这不是她的主观意愿，她甚至并不知道这回事。

当然，闺密的老公也同样无辜。他的感情给错了人，一时又收不回来，只好拉着闺密一起承担这个不良后果。不过，我确信更多的男人并不像他那样无辜。他们是有意无意地放纵自己，在心里给那些隐形的第三者留了空间。对那些念念不忘的女人，不是忘不掉，而是不想忘。据说在自然界定律里，有一条就是雄性滥情，雌性忠贞，所以雄性通常拥有多个雌性配偶。而在目前的人类社会中，男人们被道德规范束缚住了，他们无法在现实中左拥右抱，只好在心里，偷偷地辟一块自留地，让野花的芳香在精神上愉悦自己。

这些隐秘的本能，逼得女人敏锐警惕，一有苗头就跳起来去战斗。可是，防止男人出轨，或许还有可能；要阻止他对另一个女人念念不忘或者想入非非，几乎不可能；再想让他非你不娶，一辈子忠贞不贰，那个可能性，大概小于哈雷彗星撞地球。不信，你拜托个其他人去问问，如果现在林志玲哭着喊着要嫁他，他娶不？

所以说，不要被那些肥皂剧里完美的爱情故事误导，聪明的女人要学会降低感情的标准，适当地宽容，不要苛求你的男人完全违背自己的本能。他做不到，真的。至于那些因为他的蠢蠢欲动而冒出来的第三者，其实是有用处的，她们激发着你的斗志和活力，让你不断地提高自己，去超越她们，打败她们。同时，也让你的婚姻在不断斗争中愈加巩固。这个过程其实乐趣无穷。

从这个意义上说，我们应该感谢那些第三者——就算她们是细菌，也是益生菌。

文艺大妈

嫁二手男人最烦人的是他有个前妻,更烦人的是前妻杀了回马枪,更更烦人的是前妻周期性地杀回马枪。

鱼果小姐现在每隔三个月就要病一次,时间大概在八号左右。因为每隔三个月的十号,她家W先生的前妻就会准时发起行动,打电话发短信或者登门造访,理由花样翻新,但明眼人一看就知道,统统都是无厘头没道理气死人的发泄,要经过W先生费尽心机软硬兼施地哄骗加恐吓,才能勉强消解,但三个月后一切又会毫无悬念地卷土重来。

W先生很无奈,鱼果小姐很悲愤,悲愤到每次临近"前妻日",生理上都会产生强烈反应,头晕眼花心悸体虚,洗个脸都能感冒。于是内忧外患的W先生也产生了周期为三个月的精神障碍,大限一近就噩梦连连。

一个人的病成了三个人的病。只是鱼果和W病得有迹可循有法可依，前妻同学的病就十分莫名其妙。精神科资深医生老姐分析，那可能是月经周期性精神病的变种，就是有一种女人的精神病，完全根据月经周期犯，一般在大姨妈来之前的两周，会情绪失控精神失常——可不是一般人那种简单轻微的情绪不稳定哦，是真正的精神病，但这病会在大姨妈到来之后，豁然痊愈，完全跟好人一样，然后在下次大姨妈造访的前两周，再次失常。

可是前妻同学略有不同，人家是三个月发病一次，而且思路清晰逻辑明确，不像个精神病人。

老姐分析，可能她处于那种病的初级阶段，只是情绪失控智商还没降下来。之所以三个月出来闹一次，八成是因为第一个月因为刚刚发泄过，情绪还没积压，第二个月也还勉强能按捺，到第三个月实在忍不住，就必须得发出来了。所以遇到这种人，要么给她治病，要么让她发作，别无他法。因为说到底精神病是大脑的生理机能出了问题，是生理问题不是心理问题，讲道理是讲不好的。而且这病的最大诱因是时间，只要时间在推进，发病就在所难免，所以防止发病就像挡住时间一样困难。

而这种周期性的精神问题，貌似还挺常见，只是多数人还停留在"问题"而不是"病"的层面。比如你爱一个人，人家却不理你，你碰一回钉子，老实了。但隔段时间又会忍不住觍着脸去示好，再碰一回钉子，再老实几天，再按捺不住去示好……如此往复，江湖上管这叫无底线犯贱。或者你恨一个人，想跟他决一死战，但经过冷静分析或者别人劝告，知道战不过人家，于是安分几天，可隔段时日恨意又起，又想跟他决战……总之，就是你的大脑形成了某种机制，会周期性地孕育一个小魔鬼，那小魔鬼像一颗受精卵，慢慢长出手脚躯干，长到你不得不把它干掉或者生出来，可是你刚干掉这个没多久，另一个完全一样的小魔鬼就又开始生长。

处理不当的话，那个小魔鬼长着长着，就在你大脑的某一个垂体的某一处角落搭起窝棚，把你大脑的构造改变了，于是心理问题变成生理问题，情绪变成病，不好治了。

我猜——只是猜测，可能人的所有特质所有行为都是生理因素决定的，那些被讲得玄玄乎乎的形而上的东西，诸如情感、灵魂、喜好、心态，根本都是大脑皮层、沟壑、分泌物的生理反应，就像腿长的人跑得快、肌纤维含量高的人弹跳好一样，所谓荷尔蒙决定一见钟情，多巴胺决定天长地久，肾上腺决定出不出手，那些神圣的神秘的神奇的精神力量，其实都是大脑细胞的组合方式决定的——也可能跟心肝脾胃肾有关，但总归可以归纳为一种物理现象。

这么说好像太不浪漫了，作为一枚文艺大妈，我也极不情愿采纳这种理论。但这个坏理论有个好作用，就是提醒自己，一旦脑子里有魔鬼，要在第一时间尽最大努力把它彻底干掉，别让它周而复始地长，长到你的大脑发生病变，让你变成悲催的周期性精神病，再牛的医生也没法把你恢复原样了。

若爱过必留痕迹

他陪客户吃饭回来,笑吟吟对她说:"今天我们找小姐了。"她很惊讶。他说:"哎呀客户吃了饭就要去夜总会,难道人家是想跟我们几个老爷们玩儿的?我们一看没办法,就喊了几个小姐。那些小姐也真不含糊,一来就坐人大腿上,在你身上乱摸,我可招架不住,借口上厕所溜了回来。"

她半信半疑。下一次,他说陪客户去酒吧,她偷偷跑去查岗,结果发现,他正坐一群女人中间,左拥右抱,跟这个喝酒,跟那个亲热,样子极其猥琐。反倒是那些客户,规规矩矩的没什么出格的举动。回来以后问他,他解释说,那些客户第一次去,放不开,为了让大伙尽兴,我只好身先士卒了。

这样的事情发生过好多次。他说去唱歌，结果是带女同事去开房了；说出差，其实是去跟前女友鬼混了。每次被她揭穿，他总能找到天衣无缝的解释，信誓旦旦，一脸的真诚和无辜。她一次次信任，一次次被伤得更彻底，终于在痛彻心扉之后，离开了他。

她家人一直反对他们交往，好不容易分手，她妈长舒一口气说："闺女，现在咱从零开始，妈帮你找新的。"

找新的，说着容易，找着也容易。她长得好看，一副清纯相，很容易让男人一见倾心。她也是下定决心要从零开始。可是面对新男友，她总疑神疑鬼，怀疑他说的每一句话，担心他背地里的所有行踪。新男友其实是个挺本分的男人，被她无休止的猜疑搞得不胜其烦，只好提出分手。

她妈又急又气："不是每个男人都那么混蛋，你干吗这么不信任人家？"她也很无奈，终于明白，那个男人在她身上留下了太多痕迹，就算跟他了断得再彻底，自己也不可能再从零开始了。

很多男人喜欢说，兄弟如手足女人如衣服。但对女人来说，爱过的男人绝不会如一件衣服，可以随意脱换。女人的心是水做的，太容易被塑造，经历的每个男人都会在一定程度上改变她。就像人吃进胃里的每一样东西，都会对身体产生影响。

有调查说，"高富帅"的男人择偶首选"甜素纯"——长相甜美、外形素雅和内心纯洁，据说这样的女人更能给男人安全感和归属感。显然，有太多经历的女人是无法满足最后一个标准的。而与之相呼应的是，一项有20万人参与的择偶调查，在男性择偶标准里面，"处女"赫然上位，排在"爱做家务、厨艺好"前面。就是说，较之"经历单纯"和"勤劳贤惠"，大多数男人宁可选择前者。

不能否认，仅就天资来说，女性在社会上打拼的能力是低于男性的。所以女人择偶，通常只要能保证现世安稳就够了，而男人在此之外，通常还要考虑子孙万代。他们更希望自己的女人安分守己，单纯贞洁，以保证自己子嗣的纯度。所以，一个劣迹斑斑的男人，一旦痛改前非，只要有钱，就很容易娶到好老婆。而老妓若想从良，不管她多美，想嫁个好男人都无比艰难。

所以一个女人若想嫁得好，就必须对自己的每一段感情都慎之又慎。有的男人是垃圾，你爱过之后，就像吃了狗屎，不但恶心，而且会在身体里留下病菌，被破坏了健康。有的男人是毒品，不但毁健康，还毁三观。有的男人是粮食，能供给你所需的营养，并让你的感情健康长久可持续发展。

要爱，就爱品性好的男人，他们是粮食，就算不高不富不帅，起码他不会在你的身体里遗毒，没有致畸性。爱得再多再久，你还是纯良的好姑娘。吃健康食品，是对自己的身体负责。爱好男人，是对自己的灵魂负责。

性格差异都是浮云

在所有的离婚理由里面,"性格不合"最好用也被用得最多,每当一方烦了倦了有新欢了,往往拿出这个撒手锏——我们性格不合,导致感情破裂,过不下去了。这招一出,法官都没辙。

可是什么叫"性格不合"?你浪漫他理性,你谦卑他傲慢,你急性子他慢性子……其实都不是搞垮一桩婚姻的充分条件,因为我们总可以从亲朋好友中找出反例,证明性格反差很大的两个人,依然能过得好好的。

从学术角度说,所谓性格,说的是人对现实的态度和行为方式中较稳定的个性心理特征。这解释很拗口,可以把它简化为"性格是一种个性心理特征",既然是心理特征,就不是绝对的、一成不变的。比如一个人可能对下属傲慢无礼，到了上司面前就变得谦卑乖顺——他的性格很大程度取决于你们的关系，或者说，你在他心里的位置。

所以那些因为性格不合而离婚的夫妻，多半不是天生秉性的差异，而是两个人的关系和行为模式产生了冲突。站在女人的角度说，如何在与老公性格差异很大的情况下保全婚姻？我想，起码要做到"三起"：让他看得起，养得起，用得起。

彼此看得起，是所有婚姻健康稳定的前提，他看得起你，打从心里认为你与他相配，才会认真对待这桩婚姻，喜欢它，维护它，不胡作非为，不一有机会便想换人。而如何让他看得起，是一门太大的学问，几百万字也说不完，不过最基本最需要掌握的大体是两条：首先男人都是视觉动物，你在视觉上要过关，不需要太美，但不能脏丑邋遢得突破底线；然后是内涵，你的智商、眼界、修养要满足他的需求，要具备与他对等交流的能力，这样你才能赢得他的尊重，巩固在他心里的地位和分量，否则你在别的方面做得再好他也不会满意。

养得起，是不要给他太大的经济压力。一方面你的经济最好独立，大部分时候可以花自己的钱，而不是完全仰赖他。二是消费习惯要与家庭经济状况相符，有多少钱过多少钱的日子。他有能力供你奢侈，你奢侈；他没那能力，你就最好勤俭节约量入为出，而且别委屈别抱怨。因为你选了他，就是选了这种生活，若不想换人就必须接受现实，别幻想着你的抱怨能让一块贫瘠的土地富饶起来，强求的结果多半只能让他灰心痛苦，明白这女人他养不起，索性放弃。

用得起，是你要承担起人妻的义务，努力向贤妻良母靠拢，孩子要带，老人要管，家务活要做——这不是自甘下风，中国式婚姻就是这么分工的，作为一个普通家庭的妻子，你有义务把自己的分内事做好，而不是娇气懒惰，做饭怕熏了脸，洗碗嫌伤了手，看望老人又觉得浪费了休闲时间。你可以旅行美容喝咖啡，但必须要在完成本职工作的前提下（当然，男人有男人要承担的责任，这里姑且只说女人如何做好自己）。

总之，让男人看得起、养得起、用得起是女人在婚姻里面最该做到的，差了哪一项都可能让你们的日子暗淡无光或者鸡飞狗跳，而如果一个女人基本做到了这"三起"，那么所谓的性格差异就都是浮云，再大的差异，都在可接受的范围内。

依然爱你的七十岁

有年情人节,我想从养老院找一对恩爱老人采访。跟院方沟通时,负责宣传的大姐几乎未经思考就敲定了人选:"有啊!宋阿姨和齐大爷。"我说:"你再想想嘛,找最典范的。"大姐回复得斩钉截铁:"就他俩,绝对典范,我在养老院这么些年,就没见过感情那么好的老两口。"

很快拿到资料,两位老人都70岁了,都是退休教师,结婚近50年,有个女儿在国外。

话说白头到老这件事,在年轻人心里总有点神话色彩。其实少年夫妻走到白头不是稀罕事,我们身边比比皆是,稀罕的是恩爱白头——悉心观察你会发现,老夫老妻里,怨偶多,爱侣少,几十年的相伴,两个人往往在对外的协作打拼中积淀了感情,却也在彼此的碰撞较量中埋下了怨恼,各种说得出说不出的不如意，会横亘在心底，成为亲密关系的稀释剂。除了漫长岁月的销蚀，这积怨也是干掉爱情的一把利器。

所以年轻时"死了都要爱"不难，倒是"老了还在爱"不易。那会是怎样一种状态呢？我很好奇。

齐大爷须发皆白，乍看有点仙风道骨的意思，眼神里却是一派老小孩儿的认真与天真。他一句话就把自己择清了："感情好啊！那都是我老伴儿的功劳。"

宋阿姨也谦虚，说："两个人过日子，过坏了，可能是一个人的问题。但过好了，肯定两个人都有功。"

接着聊了很多。我后来的稿子，把他们的情感做了庸俗轻率的归纳：感情基础好、彼此尊重、有共同的层次和爱好——跟电视里常见的夕阳红故事一个调子。

而这两年，我无端又想起些没写进稿子的细节，更新了看法。

那天看他们年轻时的照片。我夸大爷帅。阿姨笑说："是啊，好些姑娘偷着喜欢呢！"我说："可大爷偏就对您情有独钟。"

阿姨笑笑，打发大爷去买水果，转头对我说："其实也不是。结婚前他就跟一个女同学扯不清，我挺生气，让他想好，他想了几天来找我，说想好了，就跟我结婚。我说那以后不许再出幺蛾子，他拍着胸脯说保证不会。结果结婚第三年，又出事了，那时闺女才十个月，我真伤心啊！强忍着没闹，问他能断不。他也害怕，说能。回头就真断了。消停了几年，又不对劲了，那个姑娘，天天在我家楼下守着。我就跟他深谈了一次，我说我是想好好跟你过一辈子的，你要也这么想，咱俩就一起往好了过，你要实在收不了心，咱就散伙，我不难为你，你也别伤我。后来那姑娘再没来过。而且那以后，我们感情反而更好了。"

"亏了您的大度，才有今天。"我说。

阿姨摇头："哪个女人碰上这事心里不窝火？但男人骨子里都不安分，那是天性，要收住不容易，何况还老有人主动往上贴，所以我心里也拼命劝自己。话说回来，这事要解决，还是得靠他。我能理解、能大度，他也得心里有数。不用我闹，他就知道伤着我了，马上刹车悔改。他要不悔改呢？我肯定就得闹，一闹就得把感情闹坏了，两败俱伤。很多男人就是心里没数，你不搞个天翻地覆，不上两次吊给他看看，他就意识不到事情多严重，就不肯收敛。碰上这种逼着你拼命的蠢蛋，你就得拼命，否则你越宽容他越放肆，弄到最后没法收拾。好在你大爷不是那样的人，他明智，我们才有今天。所以这么些年过来，我俩心里没仇没怨，记着的，都是好。"

——现在想来，这大概是老两口感情好的一个关键因素：我宽容，你也知进退，我体谅，你也感恩这体谅，两个人合力去追求感情的上限，而不是彼此挑战容忍的底线。

那天齐大爷买水果回来，问宋阿姨："我看路边有卖玫瑰花的，你要吗？"阿姨说："买就要。"想想又说："算了，今天情人节肯定贵。"大爷点头说："那我明天买。"

几天后，我去给他们送报纸，进门就看见一束玫瑰摆在书桌上。

那是打了折的玫瑰。但是，比起那些必须赶在情人节前相送的不能见光的玫瑰，和定要在情人节当天拿到作为某种证明的玫瑰，这束开在节日之后的花，它逊色吗？

世上这么多爱情，不知有多少能抵达这样的境界——从爱上你的十七岁，到依然爱你的七十岁，我心里念的，都是你的好。

很多情人的情人节

"快到情人节了。"昨天，我怀着幸灾乐祸的心情把这句话发给男性好友D。几分钟后得到回复："正筹备出差。"我对着短信大笑，这几个字所饱含的幽默，大概只有我懂。

D是我的多年老友，事业小有成就，身边美女如云。据我所知，其发展期、试用期和已留用的女友，不少于两位数。当然，虽然我妈说脚踩十几条船不是美德，但李银河也说了，爱情应该"既强烈，又不排他""多边恋是一种崭新的社会关系"。新观念新玩法，咱也不好过多谴责D同学崭新的社会关系。只是因为我一向痴怀专情至上主义，所以总巴望着他的感情生活出点状况。

但是D的团队一向运转良好，他唯一的压力大概就是过情人节。

D的情人节，堪称一部情人节进化史。

最初，他尚能挑选一位最有必要的女友一起过节，对其他人概以工作忙为借口推脱。但因为有需求的女友太多，后来不得不增加2月13日作为第二情人节。不过这种做法实在漏洞百出：第一，同在一个城市，无论如何，如此重要之节日，一起吃个晚饭的时间总该有的，忙不是能抚平一切的借口；第二，这几年，实在有太多因各种缘由不能同过情人节的人，把2月13变成了节日，而这其中，又以多边恋者居多，当好事者把2月13定义为"二奶节"，D的压力就更大了；第三，就算不相聚，情人们在这个特别的日子电话问候一下总是难免，这厢你跟这个佳人浓情蜜意，那厢无数佳人电话致意，怎能不引起被宠幸者的莫大怀疑？

D唯一的出路就是跑为上计。所以，最近几年的情人节，他总是风雨无阻、坚定不移地在外地出差。更可笑的是，当后来七夕又不幸沦为情人节，D就不得不坚强地再次出差。

年轻纯情的男孩女孩们肯定想不到，对他们来说浪漫得近乎忧伤的情人节，对另外一些人却是忧伤得近乎折磨。而在我看来，一切越来越像笑话。

坊间流传，有贪官在事发后交代，因为情人甚多，他过情人节的方式，有"团拜式""走穴式""出游式"……多么拧巴，多么尴尬，多么辛辣。

好端端的一个节日，不知怎么，就变成了女人的工具，男人的枷锁，里面充斥着女人的悲情，男人的苦心。

多年前，在情人节还很纯情的时候，孟庭苇唱"没有情人的情人节，心中会有落寞的感觉。"我不知道多年后，当情人节已经被糟蹋成一池污水，谁会出来唱一首，很多情人的情人节，心中不知是什么感觉。

所以，我是不过情人节的。情人有心，天天是节。情人无情，节即是劫。

米歇尔凭什么嫁给奥巴马

二十多年前,芝加哥一家律师事务所招了批新员工,其中之一是28岁的奥巴马——对,就是地球人都知道那个总统奥巴马。公司安排他跟着黑人女子米歇尔实习,因为他们是这家公司仅有的两名黑人员工。米歇尔为此很有点不爽,"我可没时间当什么人的保姆"。不过出于对公司指令的服从,她还是接收了他。

头一天,米歇尔带奥巴马去吃午饭,他穿着一件俗气又不合身的运动夹克衫,还不时吸烟,尽管长相帅气,侃侃而谈,但米歇尔没对他产生丝毫兴趣。

而奥马巴却对米歇尔一见钟情了:她明朗而轻松的笑声,她一米八的身高,以及她的美貌。"我被俘虏了,"他对朋友们说,"她冰雪聪明,受过高等教育,美丽动人……

仿佛有一轮微光，在围绕着她跳动……"工作没几天，奥巴马就对米歇尔展开了狂轰滥炸的追求：写纸条，送花，打电话，几乎每天都约她出去。而米歇尔却毫不含糊地告诉奥巴马，她有着更宏伟的计划，那就是进入升职的快车道，她没有时间分心，尤其是在男人这方面。

好在后来的相处让米歇尔发现了奥巴马身上的闪光点：他自信，风趣，犀利又有文化素养，与众不同，能力超群。他能直接和她的内心对话，常常将她深深打动。虽然他没钱，他的衣橱一团乱麻，他那辆生锈的座驾发动起来地动山摇，门上还有个洞，开车时能看到地面……但他们还是恋爱了，并于三年后结了婚。

现在，当总统奥巴马牵着第一夫人米歇尔的手一次次出现在公众面前时，很少有人知道，这个成功的男人身边的女人有多伟大：她的学历和才气丝毫不输给他，之前的收入甚至是他的两倍；他竞选国会参议员时，她在商界的人脉帮了他大忙；2006年他参加总统角逐，她辞去高薪工作，成了他的全职竞选顾问，出席所有策略讨论会。报纸评论她是一名坚决热诚的斗士，有非凡的口才和智慧。

住进白宫之后，米歇尔不管是出现在国宴、杂志封面上，还是作为第一夫人出访，都表现得优雅得体。自从奥巴马上任以来，她登上了二十多家杂志的封面，三四十次在电视节目中做客，还开设了一系列专栏。她在全球衣着品位最佳女性中，榜上有名，她在白宫后院种菜，她教养女儿的方式广受赞誉，她为奥巴马竞选所作的演讲被评价为"又感人、又振奋、又谦卑、又动听"……民调显示，66%的受访者对米歇尔持称赞态度，她是奥巴马团队里最受欢迎的人。有媒体说，米歇尔是奥巴马绝好的一张牌。

不过，总统的战略师私下说，他们曾想让米歇尔在政治上大显身手，可惜她不是一个能被别人左右的人。在上次的立法和中期选举过程中，米歇尔迟迟不肯利用她扎实的人气来获取政治利益，这曾使白宫参谋长大为抓狂。"她还是乐于为政府服务的，只不过不想像傀儡一样成为政府的发言人。"战略师说。

女人做到这份上，基本就是极品了吧？——大力协助丈夫事业，又绽放个人女性魅力，还保持着个人精神独立，此当是新时代贤内助的绝佳范本。

老实说，在这个碰上高富帅比遭雷劈概率还低的时代，大多数女人还是寄希望于斩获一枚潜力股，可是这谈何容易，它要求我们既要有碰上潜力股的运气，又要有发现潜力股的眼光，更要有培养潜力股的智慧，当然，最后还得有甘当潜力股陪衬的牺牲精神。

不妨想想，如果我们身边也有一位奥巴马，你的修为能让他一见倾心吗？你会在完全没感觉的情况下试着去了解他吗？结婚后你能在事业上助他一臂之力吗？当他需要，你会放弃自己多年打拼来的事业，转而去全力支持他吗？当他成功，依附于他的你还能保持精神独立吗？

真的，运气只是很次要的一部分，大部分夫贵妻荣都不是拼人品拼来的，女人的智慧、胸怀、修为很大程度上决定了她的幸福和她丈夫的成就。所以，当奥马巴一再地说"米歇尔是我多年来最好的朋友，是我们家庭的核心，也是我生命中的至爱"时，我们得明白，这个人高马大的黑人女子，绝非只是运气好而已。

别矫情了姑娘,你付出的,其实都是为了自己

有个姑娘,遭遇男友劈腿,被动结束七年恋情,痛不欲生,怨恨丛生。

"我为他付出了多少啊!"她说,"21岁跟他谈恋爱,最好的青春都给他了,流产都流了三次,我为了他从深圳跑到这儿,拼命工作省吃俭用,一心想跟他好好过日子,到头来却是这样的结果,我恨。"

被无端辜负,恨是正常的。但是把什么都说成"为了他",就有点不对劲。

亲爱的姑娘,请你想清楚,你的确在这段感情里付出了很多,但那全是为了他吗?

你从深圳来到这儿，那是因为你想追求更好的生活，你在这儿活得一点也不比深圳差，甚至更舒服，虽然你好像是为了追随他而来，但其实他只是你的引路人，真正让你来这里的原因，是你可以在这过得更好，所以你不亏。还有你卖命工作，省吃俭用，那更不是为他，一定是为你自己。甚至你跟他耗了七年青春，你一次次流产，这些账都不能记在他身上，那都是你自己的选择，尽管你看起来好像失去很多，但你是从中得到过快乐的，你当初决定要这么做的时候，也一定是因为这些付出都有差不多的回报。

所以，不要说你为了他，你是为你自己。

我不是说你自私，这是感情里面一个基本道理。失恋的女人只有想通此理，才能完成自我救赎。

女人在沉入爱情时，总有一种特别天真、特别高尚的牺牲情怀，她们无惧无畏地付出，倾尽全力地奉献。这很好，很容易成全一段感情。但这也很危险，因为这种牺牲，其实绝不是不求回报的。爱情圆满时，怎么都好，一旦破碎，这些付出就立即成了感情白条，出现在道德法庭上。面对这些旧账，男人往往觉得无聊无理，翻个白眼就过去了。女人却因此生怨，因怨生恨，因恨而苦不堪言。

其实你有什么理由怨恨呢？这都是你自己的选择啊！好比买彩票，你下了血本在一个号码上，却没中，你该怨恨那个号码吗？你会捶打着彩票哭诉我为你付出这么多，而你居然没给我带来任何好处吗？

男人跟彩票的区别是，男人在你的付出中有收益，在你的痛苦中有过错，但这绝不是你把责任全部推给他的借口——你付出是因为你有所求，愿赌就得服输，谁让你眼力差、运气差，如果非要追究责任，那你也只能自责，而不是怨天怨地怨对方，更不要说那些"我为了你"的话。你买彩票是为了让那个号码高兴吗？你谈恋爱真的是为了让那个男人快乐吗？——冷静下来想想，你无论付出了什么，哪怕是牺牲自己做了让他快乐的事，那也是因为他快乐所以你快乐，归根到底，你还是为了你自己。

所以两情相悦、两相情愿的事，千万别搞得太高大上，好像你是天使、志愿者，本想拯救魔鬼却被魔鬼拖入地狱一样。这种对旧恋情的不端正态度只会让你心理失衡，满怀怨恨。怨恨是天底下最负能量的事，它只会把你拖入深渊，让你更痛苦、更煎熬、失去更多。知道为什么冤死的女鬼那么可怕吗？就是因为身上怨气太重。你一个如花似玉的姑娘，何必把自己逼成个屈死鬼呢？

N年前，王菲和黎明传绯闻。一次记者问黎明他和王菲的关系，黎明怒斥记者，引来讨伐一片。后来又有记者问王菲，怎么看"黎明为了你骂记者"，王菲干净利落地说："别说为了我，他为他自己。"

若真想从一段关系里解脱，就必得冷却心中痴妄，看清这一场纠缠中，他是为了他，你是为了你。你在他身上错付了感情，根源在你自己。要打板子，也该打在自己身上，使自己清醒，成长，进而擦亮眼睛认清下一个人，走好未来的路。

自责虽然也不好受，但一定好过怨恨。

莫斯科不相信跌宕起伏

我写很多爱情故事。某日，某杂志编辑说，你的故事越来越不跌宕了，我看到开头总能猜到结尾，这个势头很不好。我虚心向她求教。她翻出网上最近很红的一个微博给我看。

说的是一个女孩喜欢了她的男神三年，表白四次都失败，第五次表白，她直接把和男神的聊天记录在网上直播了。前面，男神在玩游戏，她说了半天，他基本不理，任她怎么挑起话题，他回复都没超过两个字，后来干脆不理她，让她一个人自言自语。女孩铁了心要表白，说了大篇如何如何喜欢他的话。男神沉默半天，直接爆粗口说，我特烦你，感情不能勉强，强扭的瓜不甜，云云。女孩大受打击，说你别说了我都哭了。男神忽然话锋一转说，江孟茜你是真傻吗？老子也喜欢你，你都看不出来？女孩发过去数十个感叹号,说我差点就把你拉黑了,你干吗不早说啊?男神得意地说,我显摆语文水平行不,快去复习吧,考好了我带你去买糖。

该微博被转发几万次,网友纷纷围观鼓掌,表示十分励志。我反复看了两遍,纠结得直抠沙发,得承认这确实是个看了开头猜不出结局的故事,可问题是这结局实在太可疑了。就算主角不满十八岁吧,我也不能相信如果一男孩真喜欢一女孩,会在她主动表白后拒绝人家四次,而第五次还爱答不理,还说烦,还爆粗——换你你敢吗?扪心自问,我是不敢。

我有个朋友特喜欢一模特,每次模特有活动,他都义务帮她拿衣服、背道具,我们都戏称他是模特助理。有一次他妈病了,碰巧模特有活动,哥们居然义无反顾去当助理了,把妈妈交给我们照顾。我们都很愤怒,说人家又不是没你不行,你少去一次会死啊。他说不行,我怕她换助理——这才是爱一个人的正常心态和行为吧?谨小慎微,如履薄冰,生怕一个不小心就鸡飞蛋打,哪敢如上文男神般放肆张扬?

也正是因为不相信,所以我写不出来,而且每次看到那些跌宕起伏得超出情理的爱情故事,我都难受得抠沙发。这也许跟年龄有关。记得十五岁时看琼瑶,一路看一路掉眼泪，而如今再看，掉的都是鸡皮疙瘩。其实很多以理性深刻著称的情感作家，不管是张爱玲还是张小娴，早期作品都有各种超出情理的漏洞，反而是年纪越大，写的故事越厚实，越经得起推敲。想必每个人年轻时对人性的认知都是片面局限的，也许绝大多数人终其一生也只看到人性的一小部分。

相比之下，我更愿意相信前阵子频频涌现的现实版爱情。比如男生写十六万字情书给女生，女生十分感动，然后拒绝了他。以及后来衍生出来的姊妹篇，说男生给了女生十六万美元的支票，女孩十分生气，然后答应了他。在"十动然拒"和"十气然应"这两个新生词汇的背后，是爱情的现实和人性的真实。

虽然我们都喜欢童话，但生活告诉我们，大部分真实的爱情都是童话般的开头，笑话般的结尾，而绝少有我们所期望的笑话般的开头，童话般的结尾。所以，若你的爱情现在看起来像个笑话，那么它极可能最后就是一个笑话，没有跌宕起伏，没有峰回路转，没有超凡脱俗，那个在你表白时玩着游戏很不认真地说你很烦的男孩，他心里九成九是真的很烦。

小概率事件，绝少发生。

06

好东西,
都是有余味的

老爸的空间

你永远不可能深刻透彻360度无死角地了解一个人，哪怕是你爸。因为不管你多少次看到他吃饭睡觉打喷嚏抠脚丫，也很难知道他怎么挖空心思跟客户谈判，怎么低头哈腰陪领导喝酒，以及怎么打理他的QQ空间。

前几天去小姨家，表妹特神秘地告诉我，她无意间发现老爸居然有QQ，Q名居然叫苏格拉底，而且居然开通了QQ空间，空间里居然有心情日志，日志里居然卖萌。她心情复杂，感觉错乱。

我俩关上门，偷偷进入了那个空间。在那里，我那位五大三粗不苟言笑的公务员姨夫摇身一变，成了一个叫苏格拉底的文艺愤青。他虽然叫苏格拉底，但转了些延参法师的语录，绳命是入刺地井猜（生命是如此的精彩）那种，分享了旭日阳刚的《春天里》，赞了仓央嘉措的诗歌，最重要的是，他还写了零星的日志和说说，抒发内心感想，比如"累得像摊泥""春风陶醉的晚上，星光伴我行""至高至明日月，至亲至疏夫妻"，等等。那些话啊……若不是从这个空间，我这辈子绝不可能把它们和姨夫联系在一起。

翻了一遍，表妹迷茫地看着我："你不觉得怪怪的吗？"我连连点头，说原来一向走"铁肩担道义"路线的姨夫，也有"累得像摊泥"的时候。而表妹纠结的显然是另外一句："什么叫'至亲至疏夫妻'啊，我爸意思是我妈对他不好？"我赶紧劝慰："可能他就那么随便一说显得有品，你别去问啊，给老爸留点私人空间。"

"嘀咕"了一阵子，到了晚饭时间，大家围坐一桌，姨夫照例倒了杯小酒喝得津津有味，还是那副俗世中年男人的模样。但是我看着他，觉得，怎么说呢——眼前不是我熟悉的双眼，陌生的感觉有一点点。

昨天，我跟同事们说起这件第三只眼看爹娘的事，说表妹对那句"至亲至疏夫妻"耿耿于怀，一哥儿们说："别矫情了，她爸够争气了，我一女同学大学时加她爸QQ，她爸不知道是她，上来就一句'hi，美女'当时就把她'hi'傻了，那才叫毁三观呢？"

另一妹子警觉地说:"也别光想着偷窥他们,小心自己被偷窥"——原来她的空间设了密码,却被她妈猜中后无情闯入,于是她跟几任男友交往的巨隐私的细节,包括堕胎以及酒后亲了仨男人的光辉历史,全部暴露无遗,"感觉就像扒光了衣服被我妈看,我妈看完差点疯掉,至今仍对我严加看守。"另一妹子安慰说:"你还好啦,好歹是自己妈,我那更是一部血泪史——早年谈了个特好的男朋友,可他神通广大的妈不知怎么就找我空间,翻了个遍,然后,我和那男的就没有然后了。"

空间有风险,自曝需谨慎呐!我和几个父母是电脑白痴的同事击掌相庆,徒留另一个老爸是网络专家的哥儿们独自泪奔。

不过庆幸之后,我不禁又有些遗憾和好奇:要是我爸也有个QQ空间,他会写点什么呢?他会是文艺型、哲理型,还是愤世嫉俗型?

不碰手机之交

交朋友这件事,古人比今人做得好。

随手一翻史书,就能扒拉出成群结队的好基友来,比如伯牙钟子期、廉颇蔺相如、管仲鲍叔牙、元稹白居易,那个志同道合,那个情深意切,着实让我等靠夜半在朋友圈发美食刷存在感的孤绝小民望而兴叹,望尘莫及。

随便拿左伯桃与羊角哀举个例子吧。两人都是贤士,听说楚王求贤,就搭伴去应聘,不料途中碰上大风雪,两人缺衣少粮,眼看走不下去了,左伯桃舍生取义,把衣服粮食全给了羊角哀,自己裸死雪中。羊角哀当官发财后,头一件事就是厚葬了左伯桃。左伯桃的墓在荆轲墓旁,羊角哀有天梦见左伯桃遍体鳞伤地说荆轲欺负他,羊角哀于是奔到挚友墓前,挥刀自刎,和左伯桃联手战荆轲去了。

这感天动地的情谊，后人叫左羊之交，也叫舍命之交，当属交情里面最铁的一种。

还有些不错的交情，跟人命无关，古人也都记录在案。比如莫逆之交、患难之交、八拜之交、忘年之交、君子之交……一桩桩说起来，个个美不胜收妙不可言，令人艳羡。当然，普普通通的情谊也不少见，诸如泛泛之交，一面之交，点头之交，这种"就那么回事儿"的朋友，我们现代人身边比较常见。

有些朋友，我们现在应该叫"饭饭之交"，顾名思义，就是常凑到一起吃饭，交情说有也有，只是饭时甘如醴，饭后就淡如水了。

还有些朋友，有个十分现代的定位，叫点赞之交。朋友的朋友、不同部门的同事、联系不多的客户、多年不见的同学，因为某种机缘互相加了微信，加完又没话聊，只能通过偶尔互相点个赞证明友谊尚存。点赞这种略带敷衍的示好行为，有着丰富内涵，既能有效地增加社会资本，又能减少我们的沟通成本。它使两个人轻而易举地完成互动，自己不必勉强表态，对方也无须费心回复。但也正是这云淡风轻，致使点与被点的双方显得情分寡淡，仅仅为了客气或避免尴尬或保留一份社会资本而形成的交情，其实只有"交"，没有

"情",也挺没劲的。更没劲的是,在点赞之交之后,还衍生出了"连赞也不点之交""不小心点了赞都得赶紧取消之交"。这情分,就离绝交不远了。

比较有劲的新生代交情,是刚刚被网友创造出来的"不洗头之交"。这词甚Low,跟古人留给我们那些美妙词汇完全没法相提并论,但它胜在表意明确,男人或许费解,女人多半能秒懂。想想,女人对形象何其重视,而发型对女人形象所起的作用又何其重要,你敢油头素面去见一个人,不怕遭到鄙视嫌弃,说明你深信你们的关系已经上升到了精神层面,不会被恶劣外形摧毁,这信任是多么难能可贵啊。

前几天有个男生在知乎提问,说他每次约暗恋的女生出来玩,对方明明有空明明愿意却总推到明天,让他非常想不通。一个女生在下面给了正解:她那天没洗头。——不要小看洗头这件事,洗护吹,做造型,那是相当麻烦的一件事呢。

有人说女孩子的人际关系分为三种:可以不洗头见的;要洗了头才能见的;洗了头都不想见的。而不洗头之交也是分等级的,一天不洗头之交和三天不洗头之交,中间起码差了二百个洗头之交。当然,我也听有的男生说过,他全世界都是不洗头之交。呃,也许吧。

还有一种交情，是比不洗头更深厚的，叫"见面不碰手机之交"。试想，如果抛开不敢或不好意思的因素，你和一个人在一起，能达到完全不想碰手机的境界，那该是多么欢快融洽啊。这种朋友，大概一辈子也遇不到几个，若是同性，必是知己，若为异性，定属真爱。

小艾是好命

我和小艾是六年同学，初中三年，高中三年。不过初中时我们交往不多，到高中才紧密团结起来。

我家在内蒙古的一个小矿区，小艾的家庭在我们当地很有名，因为穷。她妈是哑巴，又生了六个孩子，全家老少靠她爸下井挖煤的微薄收入过活，日子的困苦可想而知。所以初中时我对她最深的印象就是，她有时中午不回家吃饭，同学就偷偷告诉我：艾老四家里又断粮了。——小艾是家里的老四，上面仨姐，下面俩妹，他爸爸拼了命要生儿子，结果家里驻扎了六朵金花。

当时我爸是矿上的小领导，我妈是老师，收入算不上丰厚，但起码衣食是无忧的，所以我始终无法想象家里没饭吃是什么滋味，有时怀着好奇心偷偷打量小艾，觉得她也跟我们没什么差别，就是瘦点，衣服破旧点。而且她很爱笑，长得也清秀，现在想想，要是条件好，打扮一下，绝对是个顾盼生姿的小美女。

初中毕业，我和小艾都考上了旗里最好的高中，我妈问了很多家长，得知那个高中宿舍条件很差，一个大宿舍里住三十多人，冬天只生一个小炉子，完全不足以抵挡内蒙古零下三十多度的严寒。食堂伙食也差，饭都是夹生的。三年宿舍住下来，学生基本都会落得一双猪蹄手和一个溃疡胃。当时家里经济稍好点的同学都是租房子。不过租房子就要自己做饭，我自理能力很差，做饭这活实在不能胜任。我妈和我爸商量了好几天，决定去找小艾，看她愿不愿意和我一起租房子，我们帮她付房租，她帮忙做饭。

那晚我妈领我去了小艾家，为表诚意，还提了两袋奶粉、两瓶酒。那是我第一次去她家，三间很破的土房，里面摆着几件黑旧家具，一盏瓦数极低的灯泡，费力地照着黑洞洞的屋子。她爸看到我们提着礼物来，受宠若惊。等我妈说明来意，他犹豫着说，他还没想好让不让小艾读高中，家里没钱供。我大吃一惊，转头看小艾，只见她平静地看着她爸，但脸上已是泪水涟涟。我妈见状，劝她爸："孩子想上，我们想想办法吧，我帮你联系一下，看能不能免了学费，住宿和吃饭的钱我们出，你出个书费就行了。"她爸表示感谢，但还是流露出不想让她读的意思。

我妈回去以后，立刻联系了教育局的老同学，苦口婆心说明情况，那位老同学又找了一中的副校长，副校长又找校长，周折一大圈终于免了小艾的学费。第二天我们又去小艾家，动员了半天，她爸才勉为其难地答应供她读高中。小艾很开心，我们走的时候，她拉着我的手送出很远，跟我说了很多话——原来她也很健谈的。

上了高中，我和小艾就开始同出共进像一家人一样亲密了。小艾比我大，像亲姐一样照顾我。我负责买米买菜，她负责弄熟了给我吃，合作得天衣无缝，而且她总把好吃的都留给我，自己尽量少吃。也许因为读书的机会来得艰难，她特别用功，我每晚复习到十一点，已经觉得自己很努力了，但她通常都要看到十二点，而每天早上我醒来，她基本都又已经在看书了。只可惜她可能底子差，成绩始终不高，徘徊在中下游。她为此很苦闷，常拍着脑袋说："气死我了，我怎么就这么笨啊。"有次期中物理考试，她只得了32分，拿到试卷以后她哭了，是那种崩溃而绝望的哭泣，她撕了试卷，晚上回家也不做饭，一直伤心地在床上趴着，我笨手笨脚弄了一锅不粥不饭的东西，端给她，她也不吃。但是第二天，我看到她早上四点就起来，又把试卷粘好，红着眼睛继续研读了。

当时我们的房东很刁蛮，经常嫌我们用电太多，声音太吵，隔三岔五过来训斥。她好脾气，每次都任那个老太婆说，我要发作，她总按着我。终于有一次，房东以我们总是开着灯为由，要求涨房费。小艾当时就急了，怒气冲冲说我们的房租已经比别家贵很多，而且学生租房都是要点灯熬油的，哪能因为多用点电就涨这么多钱。房东气呼呼地出言不逊："又不是你出钱，你急什么？"她眼泪唰地就下来了，说："就因为我不付钱，所以更不能让你涨。"那次吵架之后，在小艾的坚持下，我们很快搬到了别家，新房子条件不太好，但房租少了一半。

高一暑假，我们有很多习题要做，我习惯了和小艾做伴，常抱着习题本去她家。有一次进了院，东屋西屋转一圈，发现没人（当时矿上家里一般都不锁门，养条狗做警卫，小艾家大概觉得没什么可丢的，狗也没养，我每次都是直接开门进屋），正要走，她妈妈回来了，我伸出四个手指，在脑后比画了个小艾常梳的马尾，表示要找艾老四，她笑笑，往后指指，我一看，好家伙，小艾和她二姐担着好大一筐猪粪回来了，两人都穿得比流浪儿还破烂，身上沾满了猪粪，臭不可闻。我看着她，躲也不是，凑也不是。她大笑着说："离我远点，我这身高级香水一般人享受不了。"我赶紧躲进屋子，看着她麻利地把那筐不知从谁家要来的令人作呕的猪粪倒进园子，作为茄子黄瓜们的肥料。弄到一半，她跑过来，隔着窗子对我喊话，

200

201

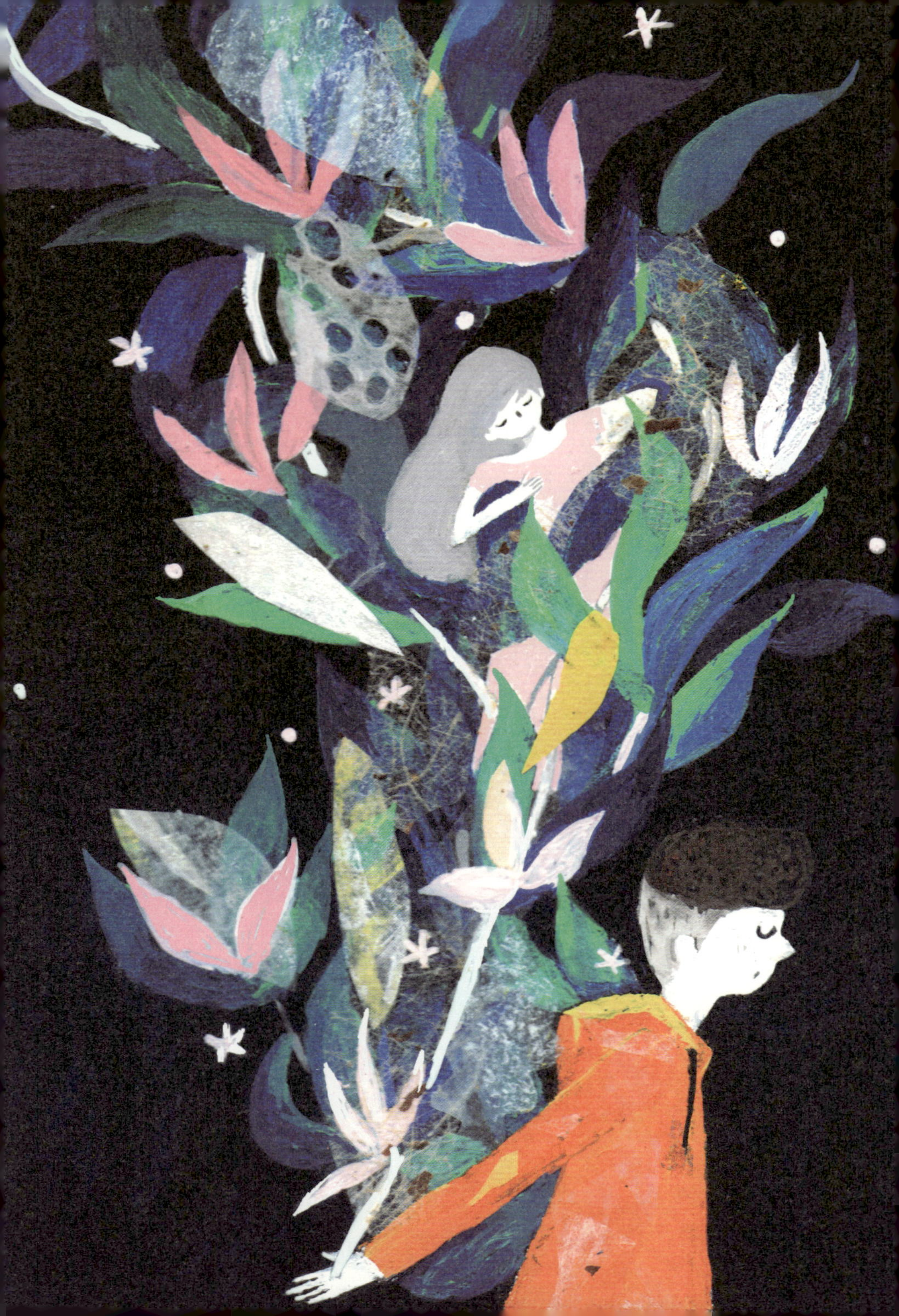

202

203

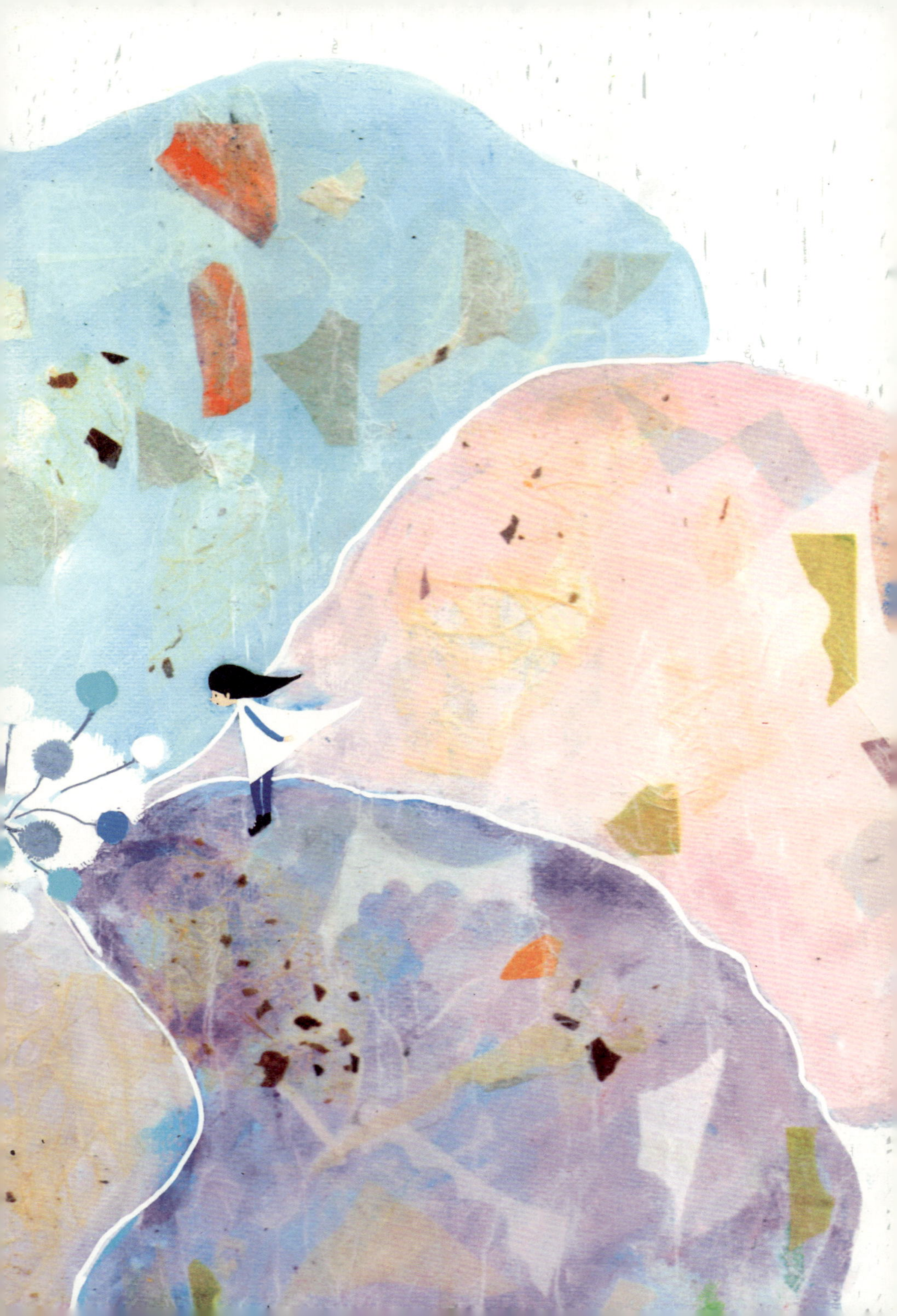

说:"你先走吧,我家今天太臭了,晚上我去你家。"我正被熏得五迷三道,闻言赶紧跑回了家。

晚上,小艾如约去了我家,我俩正在小书房看书,老矿长来了,跟我爸在客厅聊天,不知怎么,就说到了小艾家又揭不开锅了。老矿长不知隔墙有耳(大概就算知道他也不会在乎),口无遮拦地说:"穷都是自己闹的,什么年代了,还非得要儿子,生这么多,一个接一个跟狗崽子似的,喂都喂不饱。"——那些话刺耳又清晰,我相信小艾一定真切地听到了,我尴尬死了,不敢看小艾,假装低着头做题。我听到小艾的笔也在沙沙地写着,但那沙沙声在我听来,饱含着无处抗争的屈辱。我心里很乱,写了一张纸条给她:别理那个蠢货,他知道什么。她很快回给我:没关系,我早习惯了,我就是天生的穷命。

后来我发现,小艾早彻底认了自己这个"天生的穷命"。高二时,和她同桌的那个男生很喜欢她,看得出她也很喜欢那男生,我一提到他,小艾就一脸藏不住的甜蜜。那年小艾生日,他送了她一支蛮贵的钢笔,小艾只看一眼,就立刻拒绝了。理由她没说,但我知道:因为太贵,她无法在他生日时等值回赠——别说这贵,就是一件几块钱的普通礼物,她也送不起。那男生后来又托我转送那支笔,我游说了半天,小艾坚决不收。那天晚上,我们躺在床上聊天,我说："那个男生挺好的。"她说："是挺好。"我说："那你干吗拒绝人家？"她说："我这天生的穷命，不配他。"我相信小艾是真心这样认为的，可一个十六岁的女孩，要有多大的勇气才能如此毅然决然地推开内心渴望的爱情？也许她习惯了卑微，习惯了逆境，习惯了得不到，习惯了远离幸福，所以才能平静又坚定地躲开太过沉重的幸福，而这种"认命"究竟好不好？我至今没有答案。

高中毕业，我上了大学，小艾去我们矿上的小学做了代课老师。起初我们还保持密切的联系，后来慢慢少了，但我始终觉得她是我一个很亲很亲的亲人。偶尔我妈会告诉我她的情况，她跟她们学校一个正式的老师结婚啦！生儿子啦！辞职开了小餐馆啦！我妈说小艾太能干了，一个服务员都没雇，自己就把餐馆经营得红红火火。

我们再见面已是十年后，那时她儿子都五岁了。我去餐馆看她，没预约，直接进门坐下，等她过来招呼。她以为是平常客人，拿了纸笔过来问我吃什么，我不答话，笑着看她，她定睛一看，发现竟是我，激动得大叫，我笑着跳起来和她抱在一起，引得其他客人纷纷侧目。拥抱过后，我们眼角都有了泪花。她拉着我进了后厨，指着正围着围裙卖力炒菜的男人说："那个，我老公。"我一眼看去，立即发现他极有当年小艾那位男同桌的神韵。"你们是一见钟情吧？"我问。小艾大笑：

"你怎么知道？"我说："我多了解你啊。"

这时她老公过来，小艾向他介绍我。听到我名字，她老公也很激动，看得出虽从未谋面，但他对我很熟。他问起我有没有结婚，我说我还没男朋友，没人要。小艾大力反驳："什么没人要，你是不找到最好的不罢休。不像我，天生的穷命，碰上谁就是谁了。"

她老公在一旁赔不是："是是，碰上我委屈你了。"

他们笑着对眼神。我从那眼神里，看出了这桩婚姻的美满。而小艾眼角向上挑起的皱纹也告诉我，她是幸福的——对于一个从小被歧视，饭都吃不饱的苦孩子来说，这样的生活，已经太好了。

倒是我，整天疲于应对高标准的工作，总觉得生活缺这少那，三天两头去相亲，却看谁都横竖不顺眼——总之幸福指数极低。

那天临走，小艾又拉着我感慨："人呐，就是命，你看你这命，一辈子顺风顺水，要什么得什么，不像我，天生的……"

我由衷地说："小艾你命一点都不差，以前苦，才觉得现在甜，越来越好，才是好命。"

小孩儿啊，你慢些跑

我妈去年换了智能手机，打那以后我俩就变成了师徒关系。她学而不厌，我诲人不倦，用了短短一年时间（短是相对于学习者的接受新事物能力和最终达成效果而言的），我把老太太从一个连短信都发不出去的菜鸟培养成了会看新闻、发微信、下APP、用美颜相机的业内高手（高是相对她那帮跳广场舞的老伙伴们而言的）。

说实话这个徒弟很不好带，虽然我妈教师出身，本质上算冰雪聪明的，但无奈年纪大了，底子又薄，我说个"更新"她都得愣一分钟，更麻烦的是她缺乏探索精神，每次学到一点点就觉得够用了，以为手机就像电视或者锄头那样，基本技巧就那么两步，掌握了就能一劳永逸。于是她频频遇到困难，频频向我求助，每次我三两下帮她搞定，都能获得她由衷的赞叹："你懂的可真多！"——跟老人家玩高科技就是这么容易收获成就感。

前段她们十几个老太太去爬山,登顶后甚喜,加上秋高气爽风光好,便拍了许多照片——用我妈的手机。出于对技术水平的高度自信,我妈当场承诺一定把照片发给每个老太太。按说这也不算事儿,把照片传电脑上打个包,Mail给她们儿女就行了,这个她会。可是我家数据线丢了,回去后我妈翻箱倒柜找不到,急得满头大汗。正赶上我和表弟回家,我赶紧说用我QQ传好了。遂用手机和电脑同时登录QQ,把几十张照片倒上电脑。我妈见状,大喜,说:"……还能这样啊!真牛。"我正洋洋得意,表弟撇着嘴说话了:"你俩可真够笨的,干吗不用照片传送机啊,大象册也行啊,再不济还可以云分享嘛……"

他一口气说了七八个办法,直接把我们娘俩整蒙了,我妈发挥敏而好学不耻下问的精神,拉着表弟问:"怎么着怎么着你慢慢说,什么相册?怎么分享?"表弟一通解释,越说我俩越找不着北,最后双双举手投降,承认确实有一种境界我们无法理解。表弟极轻蔑地嘲讽我们:"得了,你俩这腿脚也就告别自行车了。"

这真令人忧伤。

我和我妈带着这浓浓的忧伤去做饭了。表弟在客厅里给他弟弟打电话，讨论怎么把一个锁住的手机官解完激活的问题，他们哇啦哇啦说了很久，都是人话，但我完全听不懂，只懂了最后表弟以明显的颓势说的那句"等你来了给我弄吧"，以及补充回击的那句"你才是笨鸟呢"。——这两句我是真懂了，立刻跑到客厅去幸灾乐祸："被鄙视了吧？还以为你多强呢。"

"反正比你强。"他说。

"比我强算本事啊！比你弟弟强才叫强呢！我说。"

我妈在旁边帮忙，说："就是，我都不跟比我岁数大的比——那啥，待会你把云分享的弄法写纸上，我学学。"

这是个多尴尬的时代啊。在这世界的某个十分重要的领域，我们当长辈当哥哥姐姐的，在晚辈面前全是菜鸟。每个老人家或者半老不老的人都很难在年轻人面前保持绝对的优越感，那种"我过的桥比你走的路还多"的骄傲实在是拿不出手了。我们都想紧跟时代的步伐，无奈时代在小孩儿们的带领下跑得太快了。你若不想被彻底抛弃，就得把自己分裂成两部分，一部分保持长者的尊严和自信，另一部分则必须放下身段虚心拜小孩为师。

这才是个后生可畏的时代。

小孩儿啊,你慢些跑。

这是一个调皮的季节

故事得从十年前说起。当时我在一家体制内杂志做编辑，体制内杂志，你们懂的，做事必须一本正经，有板有眼，规定了八个程序走七个就等于没做，编好的稿子一定要用固定格式排好，拿A4纸打印出来，配上发稿单，用曲别针在左上角别住，整整齐齐交给主编。我们主编是个认真而暴躁的人，我由于不守规矩——比如发稿单忘了填作者籍贯，稿子里出现口语，用粉色水笔而不是红笔校对等，屡次被他骂得狗血喷头，有一次我把曲别针别在了稿子正上方，也被他生气地发了回来，要求重别。

其实当时网络已经如火如荼了，我们几个年轻编辑一边在QQ和天涯说着"最稀饭酱紫的菇凉了"，一边给杂志写着"全面落实党的教育方针，奏响中华民族伟大复兴的号角……"飞快地在神经病人和神人之间无缝转换，练就了一身闪转腾挪的好功夫。

只是这身功夫没发挥多久，我们单位便开始转制，被要求走市场化的路子，杂志要拿到报摊上卖。上头指示我们要迎合大众口味，做抓眼球、抓心的东西。"抓心"，说起来酸爽过瘾，做起来那就得加上"挠肝"两字了。我们开了无数会，写了无数报告，提了无数完全不靠谱的建议，终于定了基本方针：做时尚女性刊。我们几个年轻姑娘对此鼓掌欢迎，加班熬夜、呕心沥血整出一批自认为好得能把读者全身都抓住的稿子，扬扬得意地交了上去。不想，主编当天下午就拍了桌子，说："这是什么啊！"——现在想想这也很正常，一个编词典出身做了一辈子行政杂志的老领导，怎么可能接受那种近乎疯魔的风格呢？于是就往一本正经上改，改啊改，改到领导终于看着不犯高血压了，出了第一期。

毫无疑问，那是一期无人问津的杂志，报摊的摊主们根本不愿意把它摆出来。"太土了。"他们说。我们主编不服，认为那些人没文化，不能听他们的。碰巧当时有一批台湾媒体人来交流，我们社高层们拿着杂志去取经，一位美女总编认真看了一遍，眉开眼笑地说："不够调皮了啦。"

我至今清晰地记得，老主编回来后愤怒地把杂志摔在桌子上，横眉立目冲我们吼："再调皮点！"

好了，十年前的故事就讲到这。现在，那位认真又暴躁的老主编早已退休，那本不够调皮的杂志也早就灰飞烟灭，而我也早褪掉了那身正经和严肃，成了个调皮的媒体人。

想起这些事，是因为我老公有个开食品厂的朋友，要为一款零食设计图标，请人做了七个，前几天让我帮忙挑选，我看了一遍，觉得都不好，他问原因，我脱口说："不够调皮了啦。"

我老公闻言，狠狠扭了我一把，说你这病是好不了了。

我有病吗？我认真反省了一下，不得不承认，可能真有，但我也不得不说，这是一种好病，世界现在就需要这种病。

时至今日，我真是越来越佩服那位台湾美女总编，她一语道出了我们的弊病，也道出了我们的方向——什么东西要想讨大众的好，多半是要轻松、喜乐、简单、俏皮，而若要把这些归结成一个词，调皮是多么准确啊！不要说杂志和零食，就连大学校长、官方微博，都是越调皮越能得到大众欢心，哪家校长要是在毕业典礼上讲个热词，曝光率保准大增。这事好不好另说，反正事实就是这个事实了。马云也讲过，说没有天猫商城时，一个企业老板说自家产品放在淘宝上卖，货真价低，就是没人买，倒是代理他产品的小网店大量走货，老板表示不能理解。马云说你out了，人家代理店的小姑娘，张口亲闭口亲，调皮又可爱，比你这副老气横秋的尊容可招人待见多了。

不知道那位老板回去后有没有像我们老主编一样，拍着桌子要求员工调皮点。但有一点他肯定能领悟到：这是一个调皮的季节，严肃的人是没出路的。

记得有段时间，宋丹丹老在微博上跟人斗嘴，还发了些把自己脸接到欧美性感模特身上的PS照，被一专栏作家批评"都艺术家了，就别顽皮了"。我对此持不同观点，因为事实上，往往是顽皮的艺术家更被大伙拥戴。虽然俗话说no zuo no die，但世道变了，又不是开党代会，稍微作一点也不打紧——甚至很有必要，君不见那些作得一手好死的明星，好像混得更风生水起呢？

有些福气，是这辈子修来的

老妈心脏病住院的第二天，病房里又来了个老太太。领她进来的护士脸色不好看，进门就说：能住上双人间就够走运了，别让你闺女乱找了，来医院是看病不是享福，怎么还挑三拣四的。

老太太很面善，连声说对不住，给你们添麻烦了。正说着，一个中年女人小跑着来了，手上凌乱地攥着一堆单子，头发也凌乱着，汗迹一条条蜿蜒在脸上，显然是上蹿下跳办了手续后匆忙赶来的。她认真听完护士的交代，打量了一圈病房，露出不太满意又无可奈何的表情，转头对老太太说："妈我去给你买饭吧，想吃啥？"老太太说要份粥就行。中年女人说："那哪行，得了，我先去看看都有啥吧。"临走，冲我和我妈笑笑，说："多关照哈。"

病友间最容易沟通，我们和老太太几句话就热络了，我妈夸她闺女孝顺，老太太笑着点头，说孩子们都很好。

食堂就在楼下，但那闺女过了快一个小时才风风火火地回来，拎着水饺、红薯粥和一些小菜，又是一头汗。"食堂都是些剩菜了，"她说："我去外面水饺店买的。"我说没见附近有水饺店啊？她说有，就在东华商场门口——好家伙，她足足走出去了四站路。

护士进来让量体温，闺女接过体温表说："吃着饭量不方便，饭后量行吗？"护士说行啊。又看她一眼，说："你是儿媳妇啊，我还以为是闺女呢？"

"都一样。"她说。

居然是儿媳妇。我有点吃惊。真不像，想想，连见多识广的护士都看走眼了。

吃过饭，老太太躺下睡了，儿媳妇搬着小板凳坐在病房门口，一见有人要进来就立刻指手画脚地示意对方小点声，走廊里有孩子吵闹，她也立刻冲出去制止——她们住院的一个星期，每天中午她都跟保护首长的警卫员似的，尽心尽力地守着门。

那晚我俩在外面乘凉，她说："我妈睡觉轻，有点动静就醒，心脏不好的人，不能休息不好。"

我说："你对婆婆可真上心。"

她说："我妈对我也好啊，她当年是我小学老师，我家里穷，要退学，她三番五次去劝我爸，还帮我交学费，没她我肯定到不了今天这样。前几年我娘家妈肝癌，要手术，七万的手术费拿不出来，我妈（婆婆）当时退休了，在家养着三十多头猪，背着我卖了二十头，凑了五万给我，你说换谁不感动？我就拿她当我亲妈，要是对她不好，我自己都饶不了自己。"

老太太住院的第二天，女儿女婿也都来了，女儿不说了，女婿也跟儿子一样，给老太太擦脸穿鞋，拿着检查单子一张张地看得很仔细。

真像老太太说的，孩子们个个都好。不光是自家孩子，那几天好几拨亲戚打电话问病情，都要来看望。老太太不同意，说太远，太给你们添麻烦。结果还是有两拨亲戚打听着摸上门来了。一个老伴的侄女，进门叫了声婶子，就开始抹泪。老太太说："别哭啊，我这没大事。"侄女也难为情，说："嗯嗯肯定没事，我瞎担心。"聊了一会，侄女转向我们说："我这婶子，伺候她一辈子我都乐意，你看我这腿。"

她撩起裙角，露出疤痕累累的膝盖，说："十二岁那年，这腿烂得不像样了，县城的大夫说没救，要截肢，截到这儿"——她比画着大腿根——"都签字要手术了，我婶子不乐意，领着我到处看，啥招都使了，我在她家住着，她给我熬了三个月中药，天天熬到夜里十二点，我先睡，她熬好了晾凉了喊我喝，把我这腿保住了。"

侄女说着又要掉泪。同来的亲戚们也都跟着补充老太太的好，蒸好几锅馒头给没粮食的亲戚啦，为了打架的小辈去派出所求情啦……一桩桩、一件件，老太太都像听新鲜事一样听着，末了说："这些事我都不太记得了。"

我想她是真不记得了。她做这些事的时候，可能就觉得理所当然，自然也不会放在心上，更不会觉得施了恩，播了种，将来应该有个收成。而越是这样，别人越会铭记，越要报答。

这个有佛心的老太太，大概也没想过什么因果循环，更不会像我们一样把"人生是一场修行"挂在嘴上。慈悲心和大智慧让她一路走来，不断地积攒福气，把身边人都变成了亲人，这样的人，不可能不幸福。

对好命的人，我们总爱说是"上辈子积德""前世修来的福"，其实未必，有些福气，是这辈子修来的。

好东西，都是有余味的

村上春树在《挪威的森林》里，提到对一夜情的看法：作为疏导情欲的一种方式固然惬意，但早上分别时就令人不快，"醒来一看，一个陌生女孩在身旁酣然大睡，房间里一股酒味，床灯、窗帘无不是情人旅馆特有的大红大绿俗不可耐的东西"，然后女孩醒来，"窸窸窣窣到处摸内衣内裤，一边对着镜子涂口红粘眼睫毛，一边抱怨头疼、化妆化不好……这些都令人产生自我厌恶和幻灭之感。"所以，"和素不相识的女孩睡觉，睡再多也是徒劳无益，只落得疲惫不堪，自我生厌。"——这些话是书里的男主渡边说的。

而同样是渡边，在与女主直子"睡了"后，体验到的却是"从未感受过的亲密而温馨的心情"，在直子消失后，他觉得"心里失落了什么，又没有东西填补，只剩下一个纯粹的空洞被弃置不理，身体轻得异乎寻常"。直至十八年后，仍然"死命抓住已经模糊的记忆残片""只要有时间，总会忆起她的面容"。

这就是肉欲之爱和精神之爱的差别吧。前者是快餐式的发泄，而后者会绵延于心。前者结束后只落得疲惫和幻灭感，后者却留有历久弥新的余味。

好东西，总该是有余味的。

过去人们形容好音乐，说是"余音绕梁，三日不绝"，这是至高的赞誉，虽浮夸，却道出了音乐的魅力与魔力。相反，若是有什么音乐，听时觉得婉转悠扬，但听过留不下任何余味，甚至使人厌倦，那就显然不够好。

品酒也是。衡量葡萄酒好坏的一项重要指标，便是余味，"余味悠长"是任何一款好酒的必备特点。越是顶级卓越的酒，余味便越细腻、圆润、悠长。关于这个"悠长"，西方人还制定了明确标准，和我们对音乐"三日不绝"这种浪漫主义的夸大不同，认真的西方人认为，一口葡萄酒饮下之后，口腔中的味道若10秒内消失，这酒就不怎么样，若能持续20到30秒，便该是一款不错的酒，要是余味能达到45秒甚至一分钟以上，那就厉害了，一定是瓶精工细作的高品质佳酿。

美食就更是。《舌尖上的中国》导演陈晓卿说，好的食物，是能让你心灵得到慰藉的食物，而非"简单的口舌之欢"。仅仅满足口舌之欲，是食物的最低层次。真正的美食，在饱了口福和肠胃之后，还应该让内心得到某种慰藉，让你在酒足饭饱之后，看着满桌杯盘狼藉，不至于像一夜情结束后的早晨那样，产生厌恶和幻灭感。好的食物，必有余味，吃时痛快淋漓，肚子饱了，还意犹未尽。

连制作美食的过程也是如此。现在人们用煤气烧菜，总觉得没有柴火锅烧出来的香，一个原因就是煤气关了，热量就停了，不像柴火和煤，火熄了，柴灰和煤灰还热着，这点慢悠悠的热度，恰能把食物蕴藏的美味烘出来。而微波炉就更差，一旦停转，连锅灶的热度都没有，所以出来的食物就更寡淡。

别小看最后这点余温，事物的好坏往往就在这微妙的差别上，好一点就好很多，差一点就差很远。

说回感情，相恋时，男孩在甜蜜约会后送女孩回家，恋恋不舍分开，男孩走远了，女孩还站在原地不走，心被浓情包裹着，柔软地荡漾，那爱情的余味，妙不可言。或者，就算分手，两人也有一个恰当的收尾，没有疲倦、没有难堪、没有撕破脸，到若干年后，你再想起对方，记忆里的画面还是美好的，心中的感受也是愉悦的，这多可贵。

少年派说，人生到头来就是不断地放下，遗憾的是，我们来不及好好道别。——好好道别，为的就是让感情最后留下一个好面貌，在曲终人散之后，仍使人可以慢慢回味。否则，如果一段关系恶声恶气头破血流地结束，之前再美，也要大打折扣了。

日本导演小津安二郎说，人生和电影，都是以余味定输赢。确实如此。一部电影，若不能给人感悟和回味，观众纵使从头笑到尾或哭到尾，也只是短暂的发泄，看过也便看过了，记不住，票房再高，也不能算赢。人生更是如此。好的人生未必多风光、多惊艳，也不是非要大风大浪或者顺风顺水，但总是要活出点自己的意思，要把独属自己的光芒绽放出来，老了跟孙儿们讲讲，能让孩子们发自内心地赞一句：嘿！真棒。——就算不跟别人讲，自己咂摸咂摸，也觉得别有一番意趣。不至于坐在摇椅上晒着太阳，回想起这六七十年，只觉得乏味。

总之，余味该是衡量一样东西好坏的重要标准。无论什么，如果真的好，就该在拥有之后，在经过之后，在结束之后，还有些美好留存，令人恋恋不舍，久不能忘。

可惜现在这样的好东西越来越少了，人们匆匆忙忙吃，匆匆忙忙爱，浮光掠影，急不可耐，没心思细品慢尝，这一口还没下肚，下一口已经迫不及待等在唇边了，猪八戒吃人参果一样，粗莽之下，倒是很多好光景都被辜负了。

07

处世——
不要那么敏感,
也不要那么心软

饭局必须存在

昨晚参加行业聚会,喝得酩酊大醉,到今天下午才挣扎起床。起床后第一件事便是打开笔记本,在日志里写:曾经有一桌美食摆在我面前,我必须去吃,到现在想想还心有余悸,如果让我用四个字形容那场饭局,我会说:生不如死。

真是生不如死啊!绞尽脑汁地想祝酒词,说着令人发指的奉承话,劝别人喝酒,自己被逼着喝酒,眼观六路,耳听八方,不能错了程序、乱了规矩,招呼这个,照顾那个,生怕冷落了哪个,更怕让人看出自己其实已经招架不住……

想起凤凰卫视名嘴窦文涛说过,宁可在家泡碗方便面也不愿意陪省长吃豪华大餐。这话我听很多人说过。而且是饭局越多的人,越不喜欢饭局。也是,那么约束,那么别扭,端着装着表演着,不能喝也得硬撑着,谁也不愿意受那活罪。

我曾数度在酒醒之后痛下决心：下次说破天老子也不去了，爱咋咋地。但这显然很阿Q，下次别人不请我，我还要请别人去。因为我还要在地球上混，要认识各种各样可能给我帮助的人，要维护一个有声有色的关系网……反正要活着，要办事，你就离不开饭局。

因为想来想去，确实没有一个比吃饭更适合拉近关系的活动了——吃饭是人最轻松最习以为常的事，再怎么尴尬紧张生硬的场面，有了"吃饭"这事做媒介，感觉也会好一些。所以，其实你应该感谢饭局，它帮你把另一件更难以忍受的事情从容化了。尽管仍然让人痛苦，但饭桌的效果肯定好过谈判桌。

21世纪什么最贵？人脉啊。而人脉的建立不是在大街上发发名片，或者拿着大喇叭广播广播就成了的，你得向别人证明你牛，你有品位、有思想、有层次，让别人觉得跟你在一起舒服，并且可以获益，你才能套牢一个人，才能把自己的小圈圈建立起来，才能在这个乱七八糟的社会活得如鱼得水。而以上目的，饭局能帮你相对轻松地达到。

所以，还是要摆正心态，不要把饭局当吃饭，只当是另一种形式的谈判和表演。把每一次饭局都当成一次相亲——相的不是感情伴侣，而是工作伴侣、生活伴侣、生意伴侣……总之，努力把自己最美好那一面给别人看，虽然过程苦不堪言，但一旦相成了，以后还是受益良多的。

还是说，我们常常被逼无奈去做自己不喜欢的事，但往往就是这些事，让我们活得更欢喜。

闭嘴是一种惩罚

有个老片子,讲二战时德占区有一家酒馆,有个人常去喝酒,喝多了就骂纳粹,周围一些人有了共鸣,也跟着骂。跟着骂的,不久就被抓走调查,从酒馆消失了。可经常"喝多"的那个人,却依旧在那里喝酒骂纳粹。

这是个细思极恐的故事。好在如今我们身边没有纳粹了,顶多偶尔冒出个饭局出卖者,把你随性戏谑的小唱段拍下来传上网,让你惊出一脑门子汗,赶紧发微博认错,然后一边不停删掉那些支持你的评论,一边暗骂(我猜的)。

我妈为此特地嘱咐我,管好你那张嘴啊,别在外面胡言乱语。

我立刻想起海明威那句话:我们用两年学会了说话,却要用一生学习闭嘴。

闭嘴难吗？貌似不难，但实际上不容易。

造物主让人长了嘴，又给了它说话的功能，目的肯定不是让它闭上的。客观上，人是社会动物，交流沟通是生存的必需。而主观上，人有自我表达的欲望，也有了解他人的愿望，这是本性，所以管住嘴不说话，跟管住嘴不吃饭一样困难。因为要说话的不是嘴，是心，只要心没闭上，嘴就闭不上。

监狱里会用关禁闭惩罚犯人，让他长期独处，不跟他说话，这种貌似平和的惩罚其实非常残酷，人在这种可怕的孤独里，心理很容易崩溃。前几年澳大利亚旅游局以半年70万的高薪，招聘岛屿看护员，工作就是乘船在风景如画的大海上巡游，喂喂鱼、拍拍照什么的，这份被称为"全世界最好的工作"，应聘者众，但得到这份工作的幸运儿，却很少有坚持上几年的，因为会很孤独。再好的风景，看久就腻了，而离群索居没个人说话的孤独，却会使人苦不堪言。曾经感动过中国的航海家翟墨说，孤身一人在大海上，最怕的不是风浪，是寂寞，那种与世隔绝的感觉令人惶恐，孤独如蚂蚁噬骨般难忍，那痛苦无以言表。

孤独是灵魂的饥饿，谁都不愿意忍饥挨饿。我们需要说话，需要听别人说话，需要跟同类互动，以喂养彼此的灵魂。所以我们才会对"因为恐惧而不得不闭嘴"这件事，那么警觉，那么忧虑。

想象一下，如果我们的社会变成一片大海，你身边除了淡漠疏离的飞鸟，就是虎视眈眈的鲨鱼，这日子怎么过？

其实中国人一贯是谨言慎行的，类似言多必失、寡言为贤、祸从口出、沉默是金这样的古训不知道有多少。但是，一个人人闭着嘴的社会，该是多么无趣、可怖、压抑、煎熬？

他人是地狱，他人亦是天堂。他人可能揭发你或者把你的戏谑唱段传上网；他人也可以跟你分担分享，愉快地玩耍，让你的灵魂饱满而美妙地绽放。我们要做的，是唾弃前者，争当后者，而不是简单粗暴地闭嘴了事。

过度应激时代

朋友单位一直与一家知名保险公司有合作。前不久,她做了个很大的活动方案给对方,挺急的事儿,可对方迟迟不给回复。朋友又急又惑,却不敢催问。直到有一次重审那个方案,猛然发现她把该公司分管副总的名字打错了。她心知不好,赶紧跟对方联系,打探方案进展。人家告诉她,早报上去了,但一直在分管副总那儿压着呢。这下她可慌了——这个保险公司是她最大的客户,本次活动几乎是她上半年提成的全部指望,出了差错真是承受不起。而这边,她老板也一再催问。无奈之下,朋友只好如实汇报。老板一听,也很紧张,狠批了她一通,当天下午就和她一起带着礼物去了那家保险公司,有点负荆请罪的意思。人家分管副总很忙,他们等足三个小时,才进了门。两人小心翼翼提起那个活动,副总说:"活动不错啊!你们做个方案吧。"朋友一愣,说:"方案不是早给您了吗?"对方找了半天,终于翻出让朋友寝食难安的那几页纸，看了两分钟，说："挺好，就这么做吧。"哎哟！朋友那个大悲大喜呦，心脏都蹦疯了。回去就把QQ签名从"真TM想死"改成了"生活真美好"。

我对她说，生活本来就挺好，但前提是你别自我折磨，本来一小块乌云的事儿，你非整得跟天要塌下来一样，吓也吓死了。

不过我很理解这种自我折磨。这是对困难和麻烦的应激反应，她只是反应过度——这是现代人的通病，不管是职场、官场还是生意场，大家都处于过度应激的状态。因为世界像一台越来越精密的大机器，每个身处其中的人，都必须严格细致地执行各自的任务，稍有差错，就可能牵一发动全身，造成恶果——不是影响了这个机器的运转，而是自己被淘汰出局。所以你必须高度紧张，全力运转——你必须对自己苛刻，因为世界对你是苛刻的。

这种神经时刻紧绷的状态会导致人的应激性特别强，稍有风吹草动就会做出很大反应。把小事化大，大事化更大，一直化到自己无法承受的地步，开始想死。

这其实是一种认知的偏差和行为的非理性——本来事情没那么大，你自己给自己加压过头了。当然没人愿意活得这么累，每个人的拼死拼活其实都有不得已的苦衷。因为我们就处在一个过度应激的时代，整个社会的神经都绷着，上下夹击，不容你放松。记得日本地震的时候，某天邻居忽然打电话，让我接孩子的时候顺便把她女儿接回来。因为她在电视台工作，一直加班开会讨论如何做地震报道，而她老公在航空公司，为了飞东京的航班，更是家都难回。本来还有她妈，很不好意思，当天老人家正在超市排队抢盐……一场海那边的地震，搞得他们一家鸡犬不宁。

其实别说日本，就是非洲出个事儿，也很可能连累到你。偏偏现在世界突发事件越来越多，事儿还都挺大，你不想应对也不行。而我想说的是，社会逼你，你不能再逼自己。适度紧张能调动身体的能量，但过度应激就成了没有意义的自我折磨，不管多大的事，你得学会从容应对，别老绷那么紧，稍微一碰就弹老高，时间长了神经没弹力了，你就被永远地淘汰出局了。

无论何时，保证身心健康才是根本。为了可持续性地在这个社会玩下去，淡定是必需的。

看得太透,你就会变成世界的孤儿

懂得太多,看得太透,你就会变成世界的孤儿。

这话据说是琼瑶阿姨说的,我存疑。跟它相仿的语录还有很多,类似"凡事看得太透彻就不美了""看得太透反而不快乐,还不如幼稚的没心没肺",出处都已不可考,但都被奉为经典,广泛流传,当然这些话来自哪里并不重要,我想探讨的是,懂得多,看得透,到底是好事还是坏事。

上周去赴闺密儿子的周岁生日宴,席间,闺密妯娌含沙射影抱怨,说她太懒,女儿长到五岁,什么宴也没办过。又说她娘家父母多么疼外孙女,买的衣服玩具家里都堆不下了。最后没等宴席结束,就说还有别的事,提早带着女儿走了。

我一个外人，都看出那位妯娌剑指公婆，不满他们疼孙子多过孙女。而那位做教授的婆婆却没有一点不高兴，反而一再夸奖大儿媳多勤快多孝顺多努力，"一顿饭都吃不完，就又去忙工作了"。

闺密后来告诉我，其实婆婆对孙子孙女真是一样疼，但大嫂因为自家是女儿，常常莫名其妙地较劲，婆婆明白原因，所以并不计较，也没有为这额外疼哪个一点，更没因此觉得大嫂不好，那天宴席上的夸赞，都是真心的。

我觉得那位婆婆真是有大智慧。虽是家庭琐事，但能看得这么明白，处理得这么合适，实属不易。

所以你说"把事情看透了就不快乐"？显然不是。同样这件事，换个平常婆婆，大概就会觉得儿媳任性刁蛮、无理取闹，从而产生厌恶隔阂，于是更大的家庭矛盾便不可避免。

——良好的掌控，一定是建立在足够了解的基础上。不管在家庭还是社会，对人还是对事，看透了，才能运筹帷幄，决胜千里。

很多时候我们不想看透，是因为再好的东西，本质里多少都会有些阴暗和无趣。比如朋友，你看得太深，总会从中看到些许的利用、嫉妒、虚伪，这难免让人感伤。只是更进一步想，如果我们知道了友情本是这样，也就不会对朋友怀着过高的要求和期待，不会因为对方的一点本性流露而生气郁闷、一竿子打跑他。有了这样的宽容，一切反而安全稳固。

我们不会因为明白了秋千的物理原理而觉得荡起来没意思，也不会因为知道倾慕的偶像也是由血肉骨骼、五脏六腑组成的，便不再爱慕。在我们真的需要一样东西时，它一定可以带给我们足够的美感和快乐，无关你对它有多少了解。那些因为知道太多、看得太透而觉得不美不好的东西，说到底，大概并不是你想要的。

郑板桥先生早年用"难得糊涂"阐释他的人生哲学。但显然，郑先生的糊涂，是揣着明白装糊涂。那是在看透世事以后，知道了什么事要认真，什么事不要认真，先有了看透，后面才有故意看不透，如果没有"揣着明白"的前提，糊涂也是糊涂不好的。

你们这些坏人

我们办公室有两样体力活：换水和搬书，开始也正好有俩男人，两人根据自愿原则，一个选了换水，一个选了搬书。本来运转良好，不想后来又来了位男士，新来这位没固定任务，偶尔帮下这个，偶尔帮下那个，然后局面很快就变成了三个和尚没水喝，水来了书来了，仨人互相推诿扯皮，都想推给别人干。女人们正研究着怎么把责任理顺，又来了一男士，这下好了，四个和尚更不肯抬水了，经常一桶水放在办公室一上午，没人肯把它搬上饮水机，大家只好去别的办公室接水。

这事说大不大，说小也不小。我们女人就商量着把他们两两一组，分别承担换水和搬书的任务。可是最后进来的湖南人不乐意，义正词严讲男女平等大家都该干。但是你知道，女人们一个个穿着高跟鞋，走路都晃，再搬水搬书，实在有点……不过我们还是每人在办公室备了双布鞋,实在没办法就两三个人一起吆喝着换水搬书。

大家都很闹心。

不过闹心没多久,事情竟然解决了。

那天小朵买了瓶香水,名牌,超贵。女人们这个喷点、那个喷点,挺开心。后来四个男人也凑过来闻,小朵就给他们也都喷了点。结果第二天,有两位来了就诉苦,说一身香气回家说不清了,被老婆审了半夜。我们表示同情。正巧当时没水了,还是没人肯去换。小朵急中生智,大吼一声:"不换是吧,喷香水!"结果A男二话不说就去换了。下午书来了,小朵又掏出香水,举着问B男:"想喷吗?"他犹豫了五秒钟,下楼搬书。

那以后大概两三周,活都他俩干了。剩下俩男的坐享其成自得其乐,特美。我们屡次威胁都未果。关键湖南人还总窝在椅子里目空一切地说:"君子坦蛋蛋(君子坦荡荡)。"面目极其可憎。

后来有天加班,湖南人打电话给老婆汇报。正说着,安妮跳起来凑到他旁边,用她能使出的最甜美腻人的声音说:

"快点嘛！亲爱的。"湖南人一惊，抬眼瞪安妮。安妮才不怕，又对着话筒补充："我在楼下咖啡馆等你哈。"

第二天湖南人就老实了，乖乖进入干活的队伍。

于是只剩下C男，此男单身，且又懒又极难撼动，我们搞了很久都搞不定。终于有一天，他相亲了，而且相中了，一副志在必得的样子。女人们立刻抓住机会，每次他打电话被我们碰上，不管在走廊还是办公室，高兴了就凑过去嘀咕一句"亲爱的帮我盖上被子"或者"别打电话了快帮我拿着裤子！"——反正什么让人遐想就说什么。

无奈C的介绍人是我们同事，知道本办公室这一潜规则，所以女方听到什么都不以为意。直到我们发明一绝招：拍艳照。小朵学摄影的，懂得以某个角度能让两个距离很远的人拍出很亲密的样子。于是常常指使别的女人出其不意凑到C旁边，侧过脸，她找准时机一咔嚓，一张亲密照就出炉了。然后每次C的新女友去办公室，我们都问她要不要看照片。C有点怕了，耳听为虚眼见为实嘛，真看到了肯定有阴影啊！

四个男人就这样都老实了，但每次干活都龇牙咧嘴冲着我们说："你们这些坏人。"

后来他们还发起过反击。C有天在街边碰上发性病诊所小广告的,他要了一摞。逮着机会就往女人们包里放一张。有时是广告单子,有时是性病科主任的名片。那名片我在包里发现过两次。初看到还真有点心惊,你知道那东西万一被老公看到,真是很难说清的。

幸好,到目前为止还没事发过。

人要是蠢,就千万不能坏

W只在我们公司待了四五个月,但我始终记得他。不只我,几乎所有同事都深深铭记着他。因为他的到来,让我们整个公司都不好了。

他做销售,刚来就抢了一个小姑娘的单子,而且手法低劣——借用小姑娘的电脑,偷偷把人家的客户表复制下来,逐个打电话过去,说本公司的业务以后都由他负责,不要再找以前的人谈了。小姑娘气得要死,找老板告状,但W坚称客户都是他自己挖掘的,跟小姑娘重了,纯属巧合。老板不了解实情,半信半疑,事情不了了之。

没几天,老板让W转告另一女同事,让她约一家普洱茶公司的老总一起吃晚饭。W回来就转告了,但说的是铁观音的老总。同事当即约了。结果到了饭店,老板一看人不对,很火，又不能发，压到吃完饭，把W和同事叫来对质，W又是一脸真诚地说："我通知的就是普洱茶的老总啊。"那同事死无对证，生生气哭了。

这种事发生过很多次，后来公司人人都躲着W，生怕一沾上他就倒霉。直到有一次，W被发现偷偷配了老板办公室的钥匙，屡次进去偷看老板电脑。老板一怒之下辞掉了他。而这已经是他的第十几份工作了。

老板后来说："这种人，到哪里也不可能长久，因为他不但坏，而且蠢。蠢和坏，是两种不相容的特质，如果它们同时存在于一个人身上，这个人必然是个永远的、彻头彻尾的loser。"

人有很多特质是不相容的，有其一，就不能有其二。这是老板的金句。

我后来发现，类似的话孔子也说过：愚而好自用，贱而好自专，如此者，灾及其身者也。——愚蠢又自以为是，卑贱又独断专行，就离倒霉不远了。

当然，人身上相互对立的特质远不止这些。

我的另一个同事大姐S，人很踏实勤奋，就是心眼小，对小事十分计较，奖金少发十几块也郁闷得不行。偏偏她个性又懦弱，怕事，怕麻烦，怕与人对抗。别人遭遇不公都会去申诉，而她不敢。不敢，偏又不甘。于是很多鸡毛蒜皮的小事，在她那里都成了过不去的坎。和同事AA吃饭，对方回来忘了给她钱，她大半年都忘不了，却不敢跟人家要。婆婆给她儿子吃肥肉、薯片、巧克力，她再生气也不敢制止。儿子跟邻居小孩打架，被扯破了衣服，她极不爽，但天天见那小孩的父母，也从没把这事说出来，而她儿子有次把那小孩的胳膊抓破了，人家的妈妈来敲她家门，委婉客气地提出警告，她憋得要死，也还是没敢说出衣服被扯破的事。

她不敢跟人家说，却整天跟我们诉苦，让人觉得她受尽了不白之冤。

我们都劝她，小事儿别太往心里去。她总是很激动，说："怎么是小事呢？我都快气死了。"我们说："那你就说嘛！把你的想法告诉人家。"但这个可怜的大姐总能找出一堆理由，觉得自己说了也没用，或者一旦说了后患无穷。

可以想见，这么个负能量爆棚的人会多不快乐，因为她身上就有两种对立的特质：计较和懦弱。遇到事情咽不下又吐不出，自己跟自己顶着，要多难受有多难受。

每个人身上都有很多特质，诸如此类水火不容的其实非常多，比如虚荣和无能，短见和野心，无知和固执，自卑和敏感，完美主义和智商不足……如果你碰巧有了相互对立的特质，又不能灭掉其中一个，就必将一辈子处于水火交战的折磨里，根本不需别人对你做什么，你自己就把自己逼疯了。

不幸或者不幸福的人，想来多少都有个性的矛盾在作怪。要从这困苦中解脱，最好的出路还是协调好自己。如果你知道自己蠢，就力争做个好人，如果你承认自己懦弱，就尽量宽宏大量些。自己不跟自己较劲，生活也不就跟你较劲了。

三岁思维

儿子三岁,上幼儿园小班。有一天我问他:"你喜欢你们班的XX不(一个小美女)?"他果断地说:"不喜欢。"我问为啥呢,他说因为她吃饭太慢了。

类似的事情很多。比如他喜欢出谜语让我们猜,通常我们会先说两个错误答案,再说出那个正确的来,而有一次和邻居奶奶玩,老人家不了解情况,一下就说了正确答案,气得他大哭,从此认定那个奶奶是臭奶奶。

当然,小孩嘛!对这个世界的认知有限,幼稚是必需的。但我常常遇到一些成年人,他们的思考方式与三岁孩子无异。

比如在给儿子选幼儿园的时候,我们一群妈妈一起比较周边幼儿园的优劣。有的妈妈说XX园好，院子大，阳光足。有的妈妈倾向于最近的园，觉得离家近，方便。还有的妈妈对另一个园充满好感，因为那个园有免费的轮滑课程。当然，每个幼儿园都有各自的优势和不足，选择哪里是综合衡量的结果。但我想，在所有的衡量因素里面，最重要的该是学校的师资吧，如果没有优秀的老师，院子再大，离家再近，伙食再好，又有什么用？因为可以免费学轮滑而选择某个幼儿园，是不是和因为小美女吃饭慢而不喜欢她是一样的思维方式？最后，我们选择让儿子去了本区的实验幼儿园，事实证明，这家成立多年的公立幼儿园管理规范，老师有经验，有能力，我们一家人都很满意。

但并不是所有时候你的视野和认知都能支持你做出正确判断。大到职业规划、买房子买地，小到鸡蛋到底该吃几成熟，其实都是我们很难凭借一己之力得到答案的。而遗憾的是，大多数人意识不到自己的狭隘和短见，总想通过自己有限的经验对事情做出推断，并坚定地认为自己的判断科学有理，绝对正确。就像一个老太太通过邻居老王夜观天象，看出今年必定风调雨顺，就认为农业股一定赚钱，满怀信心入市，后果可想而知。为什么人类一思考，上帝就发笑呢？因为在上帝眼里，大多数时候，我们都在像三岁小孩那样思考。我们常常对着一个巨大的远远超出我们视野的命题苦思冥想，或者评头论足，你以为自己看到了事情的本质，其实完全是管中窥豹，从竹管的小孔里所见的一个斑点来判断豹子的身高体重、爱好习性，显然论据不足，你又不是动物学家。但生活中就是这样，很多事情可能有一万个方面，而你只看到了其中的三五个，你赖以做出决定的依据，很可能只是完全无足轻重的皮毛，且不说这样能否得出正确结论，这种思考方式本身就是幼稚可笑的。

所以面对世界的纷繁复杂，每个人都必须承认自己的无知和局限，对于自己所不了解的领域，一定要学会听取别人的意见——当然，是比你更熟知这一领域的人。同时要学会站在高处看问题，所谓高度决定视野，只有看清事情的全貌，才能做出相对全面的判断。咱早就不是两三岁的孩子了，最好别老用三岁孩子的思维思考问题，惹上帝他老人家笑话事小，影响人生发展事就大了。

在办公室藏个男闺密

我有过一位男闺密,是同办公室的同事。

那哥儿们比我早一年到公司,特好一胖子,整天邋邋遢遢的,没穿过一件合身衣服,但是很有才华,老板蛮欣赏他。我刚到公司时,有啥事想不明白,就偷偷问他,因为觉得他善良又和气,跟他说话没压力。他也不防备,有啥说啥。慢慢聊得多了,发现两人还挺投脾气,也都值得信赖,就更肆无忌惮,一起骂骂人啊,传传小道消息啊,分析分析办公室局势啊,不亦乐乎。话说当时很多公司秘闻都是我们在互通有无的八卦中交流出来的,比如新来的经理的背景啦,最近要出台的项目的猫腻啦,本月奖金的分配啦,女同事在老板办公室哭诉啦,甚至谁谁对我(或他)有不满啦等。

当然,我们这种钢铁友谊是维系在QQ私聊上的,平时在办公室不大能看出来。其实也没有刻意隐瞒，只是男人和女人就算私交好，也不会像俩女人那样整天耗一起，腻腻歪歪密不可分。而这种表面上的平淡也恰恰是一种掩护——别人不会觉得我们俩关系不正常，而且在我面前提到他或者在他面前说起我的时候，不会有所避讳，这样我们就对周边同事都有客观的认识。还有就是，有时候彼此有意无意在老板那里说对方一句好话，效果会很好——自己人表扬自己人那是有私心，不相干的人说你好，老板才会认为是真的好。

总之办公室藏那么个男闺密，实在是受益无穷。他相当于你的另一个脑袋，另一双眼睛，帮你观察局势，揣摩动向，出谋划策——都是毫无保留的。当然，你也同样是他的铁杆军师，为他不遗余力，两肋插刀。

如果你也曾经有过那么一个办公室男闺密，你一定知道，他的优势是女闺密完全无法取代的。

首先，他的男性视角可以帮助你打破女性思维空间的局限，很多事情，女人看到A面，男人看到B面，两面合起来，你对事情的判断就明朗了。其次，他有男性交往圈，男人们互相交流的信息，如果没有合适媒介，一般不会传达到女人耳朵里，如果男闺密能和你互通有无，消息源就大大扩张了。最重要的是，男人不会嫉妒你，如果你被领导表扬、多拿了奖金，甚至升职加薪，他通常不会产生不快，反而会由衷为你高兴——这才是真正的哥儿们啊，同志们。平心而论，女人之间虽然可以穿一件衣服吃一份盒饭，亲亲热热不分你我，但如果一方得势得利，另一方真的能做到非常开心毫无醋意吗？好难好难。所以很多人不相信办公室友谊，就是因为把友谊局限在同性身上了，同性相斥是生物界的普遍规律，共患难容易，同享福就不容易了，而看着对方享福自己患难，还能不急不躁满心欢喜，就太不容易了。但在异性之间，就极少有羡慕嫉妒恨这样的不良情绪，所以若能结成良好的异性同盟，所产生的友谊会真诚而稳定。

不过，男闺密纵有千般好，也是有百利并有一害的。这一害，就是容易出事儿。所以你还是需要谨慎把握、规避风险，别让这革命友谊转化成其他化学物质，别把好好的一个闺密糟蹋了，更不能因此闹得满城风雨影响声誉甚至危及家庭和谐。当然，如果双方孤男寡女情投意合都不属于第三方介入，那另当别论。

说了一大堆，其实也不是每个女人都能有幸遇到那位刚刚好的男闺密的。但是咱既然知道了办公室男闺密的好，就不要依照从前那种本能，对办公室异性敬而远之，疏而避之。如果正好有那么一个合适的人,没有早一步,也没有晚一步,正巧坐在你的隔壁桌了,那么,亲,走过路过千万不要错过哟!

真相有许多个

网上有个被奉为品德典范的段子，说的是有三种鱼很令人感动。一种是大马哈鱼，说此鱼产完卵后，就守在一边，孵化出来的小鱼还不能觅食，只能靠吃母亲的肉长大，母大马哈鱼忍着剧痛，任凭撕咬，小鱼长大了，母鱼却只剩下一堆骸骨，无声地诠释着这个世界上最伟大的母爱；第二种是微山湖的乌鳢，说此鱼产子后便双目失明，无法觅食，只能忍饥挨饿，孵化出来的千百条小鱼天生灵性，不忍母亲饿死，便一条一条地主动游到母鱼嘴里供其充饥，母鱼活过来了，子女的存活量却不到总数的十分之一，它们大多为母亲献出了自己年幼的生命。

第三种就不说了。这前两种，前者被评为母爱之鱼，后者被评为孝子之鱼，赢得掌声一片。

这段子的真实性存疑，姑且认为真有那么回事儿吧。乍一听挺动人，转念一想呢，又好像哪里不对。

你说大马哈鱼伟大，但那小鱼为了自己存活去撕咬母亲的肉，吃得母亲只剩一堆骸骨，简直令人发指。乌鳢也一样，生了孩子却把它们绝大部分都吃掉，也是无情中的无情。歌颂这样的鱼，简直是助纣为虐。

但换个角度再想，母大马哈鱼可以逃命却不逃，心甘情愿以身饲子，说明它有它的图求——也许对它来说，将基因流传下去，绵延万代，比自己活着更重要。而小鱼遵循母亲的选择，帮它实现了愿望，就算吃了母亲的肉，也不算罪大恶极。

再换个角度，乌鳢幼鱼自发游到母亲嘴里，我们可以主观认为那是天生的灵性，但客观点想，这更应该是一种生命的本能，不管是为了饲养母亲，还是本想觅食却误入母腹，都完全是受本能驱使，不太可能怀有那种"母亲生我不易，我虽幼小，也要以命报答"的高尚情操。

所以伟大还是残忍，选择还是本能，要看你站在哪个角度解读。

世间事大抵如此吧。从正面看或许伟大，转到反面，就发现了残忍，再跑到里面，才知道谈不上伟大或残忍，无非都是本能的选择。

完全不同的角度和层面，常常产生完全不同的认知，人们的争论常常由此产生。其实世间的事，多半没有绝对的是非曲直，正义里面常见邪恶，善良背后可能暗含自私，卑劣底下或许隐匿着高尚。

世界是360度的，也是有无数层面的，大多数时候，真相会有许多个，只是我们的眼界和心力有限，都只能以自己狭小的角度和视野，做出狭小的判别，看到一个真相，就以为知道了全部。聪明人会懂得多转一些角度，多剖开一些层面，去寻求更多真相。而有大智慧的人，则会在看到了大多数真相后，选择那个让自己安宁快乐地去相信。

懂了这个词，不成大师，也成大业

启功先生是国学大师，也是幽默大师。

有个传闻，说当年启功先生因为身体欠安，闭门养病，奈何访客不断，不胜其烦，就以其一贯的幽默写了张字条贴在门上：大熊猫病了，谢绝参观！从此得了一个"大熊猫"的雅号。这件事很多人都信以为真。有一次启功先生郑重其事地请一位记者为他"辟谣"："外面有人说，启功自称大熊猫，那都是别人误传……其实我写的是'启功冬眠，谢绝参观。敲门推户，罚一元钱。'我还有自知之明，哪敢自称国宝呢？"

——虽是半个玩笑，从中也看得出大师的谦逊。

还有，据说央视《东方之子》要采访他，他推脱说，我不够档次，我顶多是东方之孙。

于丹也讲过，说启功先生看到有人假冒他的名义题字，表现相当超然，非但不生气，还呵呵一笑，称赞"他写得比我好"。

这就不单是幽默和谦虚了，这是一种境界，是把大师和常人区别开来的境界。

杨绛在散文《隐身衣》中说，她和钱钟书最想要的"仙家法宝"莫过于"隐身衣"，隐于世事喧哗之外，陶陶然专心治学。她也借翻译英国诗人兰德那首著名的诗，写下自己的心语：我和谁都不争，和谁争我都不屑……

不太好描述这种境界。我思量很久，觉得还是两千多年前的老子讲的那个词最准确：守柔不争。

大师如何成为大师呢？首先就是"不争"。夫唯不争，故天下莫能与之争。不争，才能沉下心修炼，也才有成为大师的可能。

当然，仅仅不争肯定不够，更重要的是"守柔"——柔韧地坚持。现在中国人不喜欢"柔"这个词。因为"柔"

常常连着"弱","弱"是我们非常忌讳的。但老子早说了：人之生也柔弱，其死也坚强；万物草木之生也柔脆，其死也枯槁。就是说，人活着时，身体是柔软的，死了，就变硬了；草木欣欣向荣时，是柔弱的，花残叶落时，就变枯硬了，所以，"坚强者，死之徒；柔弱者，生之徒"。柔弱的东西往往有更强大的生命力，而坚硬的东西通常是死的。所以"狂风吹不断柳丝，齿落而舌长存"，这道理从物理的角度也能解释：刚性越大，物体的脆性就越大，抗打击的能力也就越低。世上最硬的东西钻石一击既碎，而柔若无骨的水，却能凭着韧劲滴水穿石，这叫至柔治刚。

世间万物，若想长久稳定地生长，大概都要有一个柔软的姿态，懂迂回、会避让、可收缩，如果太坚硬，就容易被折断。当然，柔软之外，还要坚持，要有韧性，所谓"守柔"。启功先生一生潜心修炼，在困境阴霾里，亦怀着达观平和之心做自己的学问，到晚年已是"国宝"，也一直坚持在废报纸上练习楷书，老人家九十岁的生日愿望是"希望自己的字能写得好些"。

如果人能以一种柔软的姿态生存，以一种灵活的韧性成长，再加上"不争"的心态——不与人争，不与世争，不为外物争，平心静气地全力修炼自己的本事，天长日久，必得一身好武艺。想来不成大师，也能成大业。

当年叶问一身绝世武功，也绝不愿与人争斗比武，开个武馆只为"全家人能吃口饭"，面对各派压迫一笑而过，还告诉徒弟"打不过就跑"，如是，方得远离俗世恩怨，专心研武，最终光大了咏春拳，为后世所敬仰——一个一生克己忍让不求闻达的人，反而成了一代武林宗师，这其中不是没有缘由的。

我们俗人，常常对外物过分计较，既不能沉下心来，柔韧地生长，又不能超然物外，淡泊名利，既不柔，又要争，两条戒律都犯了，自然活得纷乱。

古训说：人生有欲，欲而不止则争，争则乱。

人有欲望，这是本性，而能不能把欲望控制在适当的程度，避免不必要的争斗，进而避免使人生进入纷乱的境地，这就要考验人的境界了。再进一步，如果能做到把对外物的欲望转化，变成对内在修为的追求，变成自我成长的动力，不疾不徐，以柔软的韧性稳稳扎下根去，生命大概就能实现真正的蓬勃旺盛了。

愿你的生活，既有软肋又有盔甲

08

不成瘾，不算爱

前段时间做了桩媒，女孩是同事孙大姐的女儿，男孩是我堂弟，都挺优秀，才貌俱佳，两人站一块儿，谁看了都说般配。

他们谈了俩月，看起来进展不错。我正沾沾自喜，孙大姐找我谈话了，说不知怎么回事，你弟弟从来也不主动联系我们小楠，都是小楠先约他，约他也出来，出来还挺开心，但回去就没信儿了，电话都很少打，真不知他是怎么想的。

我也好生奇怪。遂去问堂弟："你觉得小楠怎么样？"

"挺不错的。"他说。

"你们相处愉快吗？"

"挺开心的。"

"那你怎么不主动点呢?你是男孩子哎。"

堂弟想了半天,说:"我也说不清,在一起是挺开心,但分开以后吧,我也不会想着她,就算想起来也没什么感觉,反正就是提不起兴趣来联络。"

我心想悲剧了。嘴上虽然还敦促他多主动联络,心里已经知道这段缘分凶多吉少。

果然,没过多久,堂弟宣布分手。又过了一阵子,他跟一个开首饰店的女孩好上了,这回倒是热情满满,一有空就往人家店里跑,还老跟我炫耀他俩的照片,美得不行。

那女孩我见过一次,说实话从哪个方面比也不如小楠,但堂弟就是认准了,口口声声"我的菜,我喜欢""看见她就开心,看不见就难受"——对了,差别就在这儿,对小楠,他是"见了也开心,不见绝不想"。

这大概也是喜欢和爱的差别。真爱是成瘾的,是让人放不下的,是会演变成一种需求的。而喜欢不会,它或许也能让你开心,但无法把你和另一个人紧密地牢不可分地黏在一起。

我们常常都把感情简单化了，以为一个人对另一个人，要么喜欢，要么不喜欢，要么没感觉。其实在这三样中间，还应该有许多分档，单单喜欢，就可以分成欣赏、好感、仰慕、心动……而堂弟对小楠的感情，就处在这种递进关系的前头，喜欢，但还没到达真爱。

其实这种状况我们也常常遇到。

比如吃饭，我每次吃海鲜寿司时都觉得不错，但从不会主动想到去吃那玩意，只要有选择，我还是更愿意去弄碗酸辣粉热干面什么的。

比如看电视，央视的《对话》很好看，我偶尔看到总能兴致勃勃看完，但我从不会去记住它的播出时间，更不会对下一期怀有期待，让我念念不忘的，还是韩剧美剧。

那些不能让人上瘾的东西，再好、再牛、再精良，都难以赢得你的心。美食如此，爱情更是。台湾人说"不是我的菜"，外国人说"Not my cup of tea"，总之就是没有戳中你的要害，那把钥匙看起来纹齿都对，但就是打不开你这把锁。

在保守匮乏的年代，人没什么挑选的余地，有茶喝就不错了，还哪有机会考虑是不是自己那杯。再不对头的钥匙，也得磨磨打打，最后别别扭扭地用了。

但如今选择太多了，出去吃个饭，几十家店可以进，这家看起来不错，推门一瞧意思不对，转头就能出去找另一家。只要运气不是太糟，总能找到自己的菜。就像堂弟终于找到了他的首饰店小店主。虽然看起来是舍好求次了，但你不能不说，他的选择并没有错。因为找老婆还不是找饭店，这家腻了随时可以换下家，老婆是要几十年牵手相伴的，几十年都只吃这一盘菜，如果不是打从心眼里觉得好，怎么撑得下去？所有的将就凑合都是对自己的亏待。

最正确的那个人，并不是那个"在一起挺开心"的，而应该是"分开了就难受"的。而最美妙的婚姻，一定是双方都能让彼此成瘾的，如是，两个人方能在漫长的岁月里，牢牢地拼合在一起，不离不弃，生死相依。

干吗非要成体统

老卫是我相熟多年的好友——本来该说是闺密,怎奈她是一铁骨铮铮的女汉子,"闺"这个字死活用不到她身上,她妈提起她都从来不说"我闺女",而是"我们家内熊"。这个"熊"有两层含义:一是老卫从小特能招事儿,隔三岔五把邻居哥哥揍得头破血流,让人家缠着绷带去她家领医药费,堪称熊孩子里的熊孩子;二是,老卫确实长得虎背熊腰,外观上与这称呼高度吻合。

我和老卫都单身的时候,彼此严重依赖,我下夜班都是她去接,有了她碰上流氓我都不怕。她逛街也总喊着我,砍价和挑口红颜色这种事如果没有我,她整个就一弱智。只是后来我有了主儿,下夜班有货真价实的男人接了,她也不再好意思老喊我帮忙选礼物补衣服整理房间。我好几次跟她说有需要喊我,别客气。她都大咧咧地说不用不用。

直到有一次,我逛街,在一家服装店跟她巧遇,她正四仰八叉倚在沙发上,百无聊赖地看天花板。我说你干吗呢?她说买衣服。我正纳闷,就见一眉清目秀的男人拎了件外套过来,问老卫:"这件行吗?"老卫豪气地摆摆手,搂过那男的给我介绍:"那啥,我朋友晓航。"我大吃一惊,脱口而出:"妈呀。"老卫大笑:"叫兄弟就行,喊妈就差辈了。"晓航在旁边羞答答说你好,我也紧着说"你好你好",并伸出手去跟他握,他扭捏了一下才把手伸过来,拿五个指尖轻皮潦草象征性地捏了我一下,就赶紧缩了回去,一脸娇羞。

我曾以为老卫要找男人,无论如何得是个纯爷们,至少要比她爷们,万没想到她居然选了一娘娘腔。而且两人眉来眼去打情骂俏的,看样子也是真爱——他们是真爱,我是真奇怪。

后来我问老卫为啥选晓航。她反问我女人为什么需要男人。我说生理因素就不说了,心理上是需要被保护和被照顾。她说我不需要被保护,只需要被照顾,我需要个贤内助,我和晓航都在对方身上看到了自己缺失的东西,正好互补。

我瞬间想通了。

但是我妈想不通。老卫结婚前,带着晓航去我家拜访。我妈那个表情啊，复杂得跟吃了一盘辣炒月饼似的。他们走后，老太太愁眉苦脸地说："男的不像男的，女的不像女的，成何体统。"我说干吗非要成体统呢？然后我们开始激烈辩论，主题是"男的能不能不像男的，女的能不能不像女的"以及"不像男的的男的跟不像女的的女的能不能搭伙过日子"。

我当然说服不了我妈，她对打扮得花枝招展一身香味一开口就是"嗯呐讨厌啦"的男人向来深恶痛绝。

何止我妈，老卫说自从她和晓航在一起，招的骂比头二十八年所有的骂都多。亲戚朋友邻居陌生人，几乎人见人骂。"我们招谁惹谁了？"老卫愤愤地说。但其实她也并不往心里去，她从小的座右铭就是"爱咋咋地"。倒是晓航真生气，经常忧伤得胃疼。若非有老卫罩着，怕是早得了抑郁症。

"其实我俩挺幸福的。"老卫说。

这我相信，因为见证过。上次他们请我去家里吃饭，老卫买了两箱啤酒，哼哧哼哧搬上五楼，晓航系着个花围裙在炖鱼，一看老卫就说："回来啦，快把这只鸡剁了。"——特和谐的一对儿。

看来幸福还真是个挺诡异的命题。

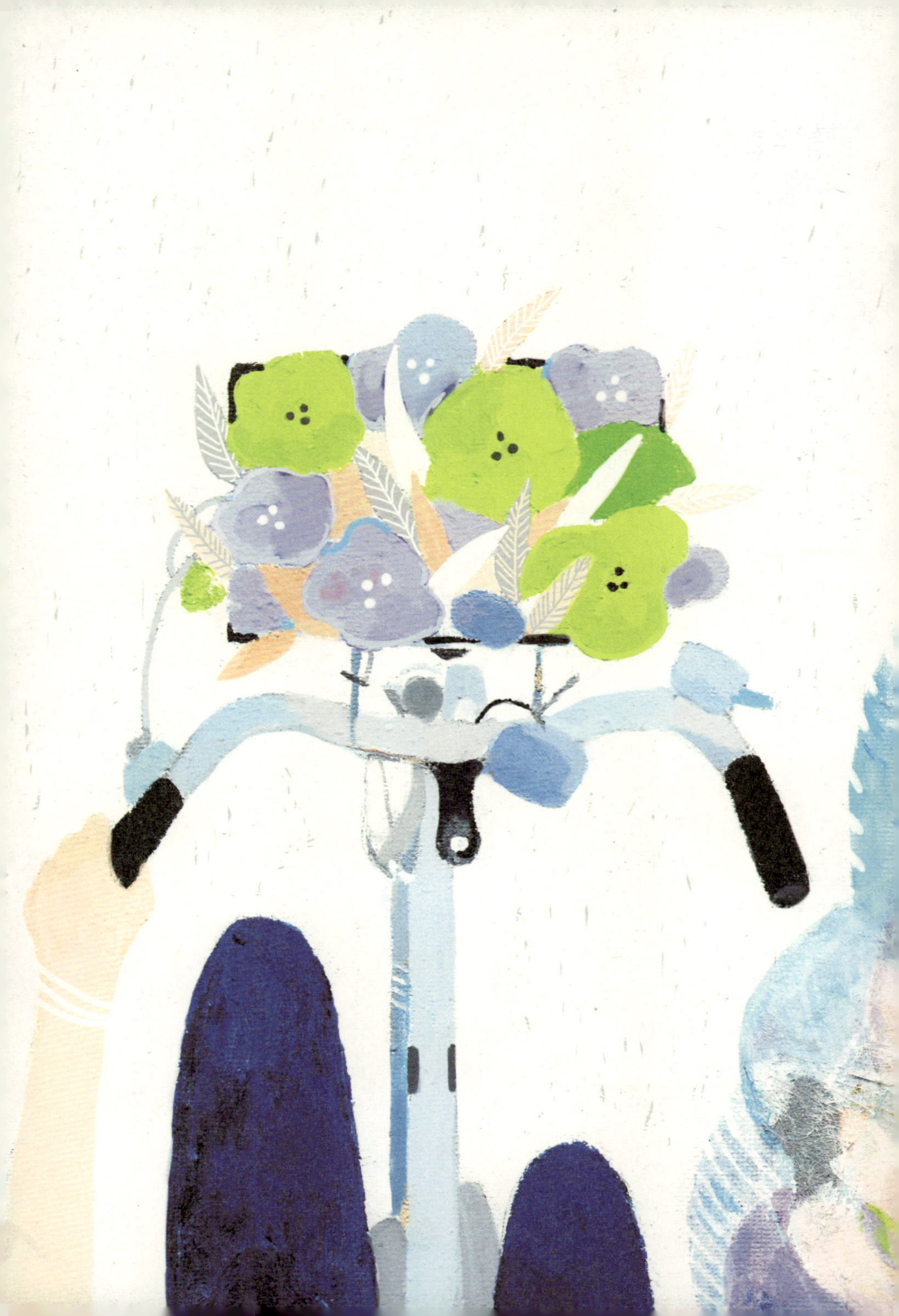

270

271

赞自己，挺好

我微信里有个特文艺的哥们儿，爱摄影和写诗，逢阴天下雨就会在朋友圈发自己拍的片子，还要配上几行心情小诗，当然这没什么特别，重点是每次发完，他都立马给自己点个赞，时不时还评论一下"这片子绝了""今天志摩兄附体""好灵感出好诗""完美！大家尽情来赞吧！"

别人可能觉得这人有点二，但我每次看到他出手，都忍不住乐，不是嘲笑，是发自内心地觉得好玩儿，同时还伴着一种难以言说的羡慕。在越来越圆滑世故深藏不露的人群里，这种自我欣赏又敢于表达的纯真何其可贵。

必须承认这品质是我以及绝大多数国人缺少的。虽然我们也都对自己的某个部分满意，并渴望得到铺天盖地的赞美，但没几个人敢明目张胆地给自己点赞，更不敢大喊一声

"大家都尽情来赞吧"，再想也不敢。

因为这社会太崇尚谦虚和自我批评，你有事没事总赞自己，情商就要遭到质疑了。

前段听一位老专家讲《易经》，他说六十四卦各有好坏吉凶，只有一个卦近乎完美，就是"六爻皆吉"的谦卦。因为不论何时，谦虚总是对的，做人就要不自许、不自矜、不自居、不自誉、不自傲，如是，你便走在了通往高大上的道路。

这与儒家的价值观是一脉相承的。几千年来一贯奉行的"谦受益，满招损"的教化，使我们都把谦虚看得远比真实重要。人们习惯于表达"我不行""还差得远"，羞于展示自己，怯于表达真意。慢慢地，本我便遭到全面压抑，以至于日子虽过得如鱼得水，内心却并不快乐。这真是文明进化过了头的恶果。

不由得想起小时候，每逢班里投票选三好学生、品德模范之类，对一个优秀的同学来说，最完美的结果绝对不是满票当选，而是"差一票"——你自己不能选自己。甚至有时大家竞选，参选的同学也被认为是不该投自己票的，否则就会莫名有种作弊的羞耻感。可为什么我在台上极力演说自己的好，下了台却要投票给别人？这种虚假又扭曲的谦虚意义在哪里？

好在自媒体时代到来后，情况有所扭转。因为人人有了自己的地盘和发言权，自家地方不能老吹捧别人啊，时不时地秀秀自己的美貌美食美好生活，也算一个崭新的人生乐趣和意义。这一场场微型个人秀，本身就是人们对自己的认可赞许以及鼓励，是对过去那种假谦虚的积极反抗，这才叫正能量。

我有个五岁的外甥女，能歌善舞爱表演，家庭聚会总能给大伙来一段，每回演完，我们大力鼓掌时，她都跟着使劲鼓，引得众人大笑。有回我姐问她："你自己为什么也鼓掌呢？"她特真诚地说："因为我也觉得我唱得好听啊。"

长辈们就调教她：别人给你鼓掌行，你自己别鼓，显得不谦虚。我表示反对——她有资格自我欣赏，更有权利真实表达，你完全没必要担心"满招损"，因为必然会有一天，她会听到更美的歌声，从而意识到自己还需要学习和提高，那时候她自然就谦虚了——真正有意义的，应该是这种发自内心的谦虚，而非那些装给别人看的、舒服了他人拧巴了自己的伪装。

是的,我们确实应该做一个"内高而外卑"的谦谦君子,而不应成为"无学而显扬"的傲傲小人。但前提是这谦虚必须真实,它不该变成人为了适应社会而自我压抑与伪装的道具。

我就觉得自己挺好,凭什么不能给自己点个赞呢?

鸡汤没有告诉你

有个挺经典的段子，说一个人掉海里快淹死了，一艘小船过来要搭救，他说不用，上帝会来救我。小船走了，又过来一艘大船，他依然拒绝上船，说上帝会来救我。结果他淹死了。到了天堂，他生气地问上帝为什么不救他。上帝说："我派了两艘船去救你啊！"

这是碗上好的鸡汤，它告诉我们，上帝给每个人都留了活路，你之所以倒霉落魄一副死相，是因为有眼无珠，不懂把握机会，辜负了上帝的美意。

好的，假使你此时正感到快要被公司溺死，而偏巧有另一家公司要拉你上船，你二话不说跳了过去，未几，却发现新公司制度更差薪水更低老板更没人性。

你于是哭着说鸡汤都是害人的。这当然不对。因为那个故事，还可以有另一种讲法。

比如，那个落水的衰人拼死爬上了第一艘小船，结果那船太小，被风浪掀翻，他还是淹死了。然后他见了上帝，老人家痛心疾首地告诉他："那小船是魔鬼派去迷惑你的啊，我本来派了艘大船去救你，可你居然先上了贼船。"

当然，上帝也可能说："你有手有脚有脑子，干吗指望我救你？你知道我很忙的。或者，我本想救你来着，可翻了下档案，发现你曾在十二年前的夏天以残忍手段拍死了一只怀孕的母蚊子，违反了天堂施救条例，所以活该你淹死。"

又或者，上帝拍拍他的肩膀说："你已经修行圆满，没必要留在人间受苦啦，现在给你颁发苦难结业证书，以后你就是天堂里无忧无虑的小天使啦！"

还可能，上帝捋着花白的胡须以哲学家的口吻道："哥们儿你误会了，我根本就不存在呀？"

……

总之，上帝可以有N种想法，具体哪一种，完全取决于鸡汤生产者的心情。而他的心情不代表你的心情。所以,当你落水,而正好来了艘小船,你得自行判断那意味着上帝的美意还是魔鬼的坏心,或者要自救还是等待上帝,甚至,你要决定要不要相信上帝的存在。

说到底,你需要的是判断力。而判断力是什么?那是一个人智识、心性、眼界、阅历等诸多内因的总和,这些东西可不是靠几碗鸡汤能补齐的。

这几年,人们对鸡汤的态度有两个极端——多以年龄和心智的成熟情况分界,低幼者奉其为精神食粮,老成者则闻到味就恶心。而话语权往往掌握在成年人手里,于是越来越多的嘲讽和诟病正将鸡汤的美好形象无限拉低。

其实鸡汤本身没啥问题:它的法力固然有限,但有限不表示没用,大多时候,它依然能给人激励和启迪。问题出在熬汤者身上。有太多人,为了哗众取宠,或者谋得利益,把自己打扮成江湖神医,极力夸大他那碗汤的效用,拿着不太成熟的药方,武断地号称包治百病,让人觉得读了他那本书,甚至那篇文章,就破解了成功的密码,就参悟了人生,就无敌于天下。哪有这样的好事?

事实上,任何一个故事或道理,都只代表一种可能性,也只符合一部分人的处境。所谓甲之蜜糖，乙之砒霜，对这人有益，对那人可能就有毒。或者，对今天的你有益，对明天的你就有害。遗憾的是，很少有心灵导师会告诉你自己的理论只对少数人有效，就像很少有医生愿意承认自己只能治好少数人的病。

所以，假使你清醒，就该在所有的故事前面自动加上"对有些人来说""有些时候""可能会"这样的定语。比如，有些人努力就会成功，有些时候应该把握机会，坚持下去可能会看到希望。

如是，才不会被那些迷魂的鸡汤灌醉。

所有的狠心绝情，都有充分理由

听台湾大学一位教授讲《梁祝》，他提了个有趣的问题：最后要娶祝英台的马文才，据说品行不良，不学无术，是个活生生的丑角，这便更烘托了祝英台的悲情，使其最后哭死在梁山伯墓前，显得合情合理又可歌可泣。可是，如果马文才是个优秀的好人呢？会怎样？

我顺着他的思路想下去，假如马文才是唐伯虎，有才有貌，有理想有抱负，是一代女性心中高不可攀的男神，那么祝英台当做何抉择？会不会一见倾心，惊觉真爱之外还有真爱，心甘情愿就嫁了良人？

还是不要玷污美丽的经典了，我们回到现实吧。梁祝的故事如果去掉女扮男装和裂坟化蝶的桥段，其实跟现世完全是一个次元，这样的故事太有可能在我们身边发生：男女二人彼此有情——或已经相恋，由于某种原因，一方离开，有了新感情新生活，而后另一方重现，纠结由此开始。

这故事通常有两种的结局。一是两人发现彼此是真爱，旧情复燃，幸福快乐地生活在一起；另一种是旧情敌不过新爱，一方继续幸福快乐地跟新人生活在一起，留下另一方兀自怨尤。

怨什么呢，肯定是怨对方薄情，怨自己当年没把握机会，怨老天给了姻缘却不给结果。于是世间开始流传"错的时间遇到对的人""有情人难成眷属"之类的哀叹。

其实都错了。以上这些都不是导致你们最后没有在一起的决定因素，真正重要的原因是——你可能不愿意承认：你不够好。

你不够有钱不够好看不够体贴不够多才，不够跟对方契合，不能提供灵魂之爱，所以人家才选了另一个人。否则在男未娶女未嫁的前提下，有几个人会愿意放弃更心仪的人，而非要跟另一个人相守一生呢？又不是古代，被男人摸了一下手就非得一辈子跟他走。

她是祝英台你是梁山伯，她后来遇到马文才，心中始终挂念着你，你一回来她立刻飞奔到你怀里，这是你的幸运。可万一那后来者是唐伯虎，她势必要去追寻更幸福的幸福，这也实在是人之常情，没什么好恨好怨。

或者，你是马文才，本来要跟祝英台相偕终老，却忽然杀出个梁山伯，二话不说就把你的英台收了去。这确实令人烦恼愤懑，但也同样没什么好抱怨，谁让你不是唐伯虎？

所以没什么好说的，接受现实，努力修炼自己就是了。若能痛苦之下憋出一股猛劲，一举练出一身胜过唐伯虎的本事，那是你的造化，到时候能不能得到祝英台就不再是问题，会有许多像她一样美好的蝴蝶绕着你盈盈飞舞。而如果你做不到，那就该明白，她本来就不属于你，错过也是天意，没理由后悔，更没资格怨尤。

真正影响一段感情结局的，通常都不是偶然因素——一次争吵，一个误会，一次无心之失，一个横刀夺爱的无耻之徒，尽管看起来的确是这些事情导致了你的爱情崩盘，而事实上，那背后的真正原因一定是，你不够好，她（他）不够爱。你们的感情分量太轻，才会轻易被一件小事冲散。否则争吵过后，误会过后，你们一定还会重归于好，因为对方舍不得你。人都不傻的，所有的舍得、狠心、绝情，一定都有充分的理由。

人面对失败的感情，总忍不住去找些华而不实的借口，继而沉浸其中，以为真的是那么回事。因为承认自己不够好，实在痛苦而艰难。可是不承认，就难免怨天尤人，不去修正自我，既无法从这段关系里解脱，也不能从痛苦中得到成长。

逃避有时候会害了一个人，反正都是苦，不如就直面血淋淋的现实，告诉自己，是的，我不够好，但我要让自己更好。

最后的最后，能拯救你的，一定是你的好。

绝无必要的优雅

老同学聚会，打电话通知小溪的时候，她第一句话就问："S去不？"我说他不去。小溪痛快地说："好，那我就去。"

S是小溪前男友，大学里面谈了四年，毕业后又持续了两年，结果都谈婚论嫁了，S劈腿跟一个富二代小女孩儿好上了，单方面决定断交，两人六年的感情就那么无可挽回地宣告over。小溪不是本地人，当时是为了S才留在了我们读大学的城市，S这一叛变，立刻让小溪陷入孤苦伶仃的境地。当时我们几个老同学还想一起找S谈谈，让他回头是岸，但小溪不同意，说没那么必要，没他我一样活得好好的。

现在距离他们分手已经一年多，据说S正在准备迎娶富二代，而小溪一直单身。

到了聚会那天,我和小溪同时到酒店,她一副清纯甜美的小清新打扮,看起来赏心悦目。男同学纷纷开她的玩笑,说:"嘿……看我和小溪般配不般配?小溪,我还没对象呐!你救助救助我吧!"小溪温柔地笑,说:"我还不知道你们啊,彩旗都飘满全球了。"

气氛特别好。上了菜,我们刚喝了第一杯酒,外面忽然进来一人,我定睛一看,居然是S。这下有点不妙,我下意识地把目光转向小溪,她的脸果然晴转多云了。我一边给S让座,一边问他:"你不是说来不了吗?都没留你的座。"他嬉皮笑脸地说:"不来我心里痒痒,我想死你们啦!"男同学们比较没分寸,冲着S说:"别卖乖了,你想的是谁我们倍儿清楚,还不快跟小溪喝个酒。"

几番撺掇,S被逼无奈只好拿着酒杯对小溪说:"来喝一杯吧。"小溪坐着没动,很不给面子地说:"我跟你喝的什么酒啊?"S有些尴尬,说:"我迟到了,赔个不是。"小溪说:"迟到你得给大家赔不是,那得每人喝一杯才行。"S下不来台,连干三杯,小溪的脸还是不好看。后来大家互相敬酒,S敬到小溪那里,小溪硬是沉着脸,死活不喝那杯酒。

我跟小溪同寝室四年,对她像亲妹妹一样了解,这姑娘可绝对不是不懂事，这次她表现得如此苦大仇深，我想，一定是因为她心里的疙瘩还没解开。

果然，饭后我送小溪回家，她坐在车上，咬牙切齿地对我说："我真想狠狠抽他几巴掌。"说这话时，眼里含着泪。

我说："这么长时间了，你还没放下。"小溪伏在我的肩膀上，大哭，说："我就是后悔当初没狠狠抽他一顿，那个白眼狼，他说跟别人好就跟别人好了，他说滚就滚了，凭什么呀？可笑我当时还使劲撑着，假装自己多大度，多优雅，我连骂都没骂他一句，就让他滚了，太便宜他了。可是你知道我心里多痛苦，把自己都憋成内伤了，这一年多我就不能想他，一想起来就恨得牙根痒。我真是放不下，不为别的，就是觉得自己太憋屈了，有时候真恨不得拿着棍子在路上截住他揍一顿，发泄发泄。"

我说："那我回去把他喊过来，站这里，让你好好揍一顿。"小溪擦擦眼泪说："你觉得可行吗？那我不成神经病了？那又让他得意了，觉得我还多么在乎他，拿他当命看。"

我想想也对，泄愤这种事儿，也是过了这个村没那个店，当初他辜负你时，你怎么抽他都名正言顺理所应当，但那时候你一笑了之，时过境迁，再旧事重提说我恨，我想报复发泄，那你就成笑话了。

这真是个教训。以前常听情感专家劝人说，他背叛了你，你要笑着说，没关系，然后转过头再去哭，让他后悔自己失去了一个好女人，也让自己保存一段美好的回忆。那可真是扯淡。你是人，不是机器，那么深的感情，那么重的伤害，你可能微微一笑就从心里抹去了吗？你表面上的宽容真的会让他愧疚难受后悔吗？你憋屈自己成全他，让他心中保有你的完美形象，有意义吗？从此以后，萧郎是路人，他心中有一个怎样的你，其实一点也不重要了，而你以后的心情却至关重要，为了一次没必要的优雅，把自己憋成内伤，日后在无数个深夜里又气又恨，却无以发泄，何苦。也别说要给回忆留一个完美的结局。他劈腿了，结局已经不完美了，真正好的回忆应该是，他爱你时，你也刻骨铭心地爱他了，他伤你时，你也畅快淋漓地回击了。这样的感情，才没有遗憾和后悔，才能让你在它彻底结束以后，敢于一次一次回头看。

所以，如果他辜负他绝情他背叛，别犹豫，一巴掌抽过去，先排了心里的毒再说。这种时候，你优雅给谁看？你优雅的后果谁承担？要知道这是你泄愤的唯一时机，错过了这一刻，那些怨恨就会积留在你心里，杜康可以解忧，却不能解恨，你胸怀一腔无法消解的恨，幸福何来？

不约的智慧

我小时候家在矿区，印象极深的是，每天下午，男人们都到矿上干活了，午睡后无所事事的女人们就自发在胡同口集合——每个胡同都会有这么一小撮妇女组织，抱着孩子、拿着毛线织针、择着韭菜豆角，口沫横飞地聊。一切可能引起他人兴趣的消息，都在这里汇聚，传扬，谁家男人调整了岗位，谁买了商店新进的豆油，隔壁谁家吵了一夜架——吵架的当事人当然是不能在场的，若在场，掌握情报的一方就只能憋着，憋到对方不在时再一吐为快。可想而知，通常不参加群聊的女人，往往会受到最多非议，一是谈资有限，二是对其不合群的变相报复。

我们胡同偏巧就有个不合群的女人，我喊她刘婶，是个北京知青，因为嫁了矿工刘叔而未能回城。在妇女们凑成一团愉快地各种扒的漫长下午，刘婶通常闷在家看书，她妹妹是大学生，毕业后就把课本都寄给她看。每回有人想拿她说事，多半要先抛出个问句：用那个功有什么用？马上就有人接：还能也看成大学生啊，俩孩子的妈了。然后话题就在她身上展开了，院子那么大也不养猪啦，菜园里长草也不拔啦，上午九点还没叠被子啦，罪状甚多。

后来刘婶回了北京，并在档案局做了管理员，正式的。这出路太好，女人们实在不愿多提，关于刘婶的话题这才销声匿迹。

其实我也几乎忘了那个刘婶。忽然想起她来，是上星期。

那天，我在临睡前又习惯性地刷朋友圈，刷着刷着，忽然心生倦怠，继而惶恐：我每天花这么多时间，就是为了见证谁去了普吉岛谁吃了日本菜谁加班到胃疼谁睡到了自然醒吗？这跟当年在胡同口虚度人生的妇女有何差别？

好像一模一样哎！

我们迫切地渴望了解他人，大概是进化的结果。在讯息匮乏的古代，观察身边人并从他们那里得到信息，的确是安身立命的重要手段，那些不爱或不会八卦的人，也许都被大自然淘汰了，所以得以绵延至今的人类，是一群长嘴长耳的八婆，哦……换个好听点的说法吧——信息控。我们好奇别人的生活，担心自己成为孤岛，于是竭力抓住尽量多的信息，融入身边的热闹，以证明自己还在人群中，有开阔的眼界、新鲜的思想和稳固的同盟。

可是当人人都被赋予了发布言论的权利，以致言论的质量完全无法保障，我们还需要迫切地收集一切信息碎片吗？这些无意义的东拉西扯，到底是我们前行的动力还是累赘？

科技发展到今天，人类的生存规则其实已经变了，更优秀的品质不再是对周边情报的敏感，而是管控时间和从无用信息中抽离的能力。如果一个人仍然耗费大量时间沉溺在胡同口琐碎无聊的八卦里，也许N年后他的基因就从地球上消失了，因为隔壁夫妻夜半动武对你的意义，远没有苏格拉底的广场谈话重大。真正帮助我们构建完整思维并推动生命走向高处的，不是身边人的鸡毛蒜皮，而是对广阔世界的认知和对哲学、心理、历史这些维度的知识的深度思考。

有些看似跟你息息相关的事情，其实无关紧要。而另一些看似与你无关的，反而极其重要。

也许二十年前，那位高冷的刘姆就参悟了这道理，所以纵饱受诟病，也果断不约。这不约的智慧，让我在那个失眠的夜里，肃然起敬。

愿你的生活,既有软肋又有盔甲

有姐妹俩,都是特厉害的主儿,在各自家里都拥有绝对的领导权。某日,姐姐无意中发现老公居然偷偷给婆婆钱,数量虽不多,但行径不能姑息,盛怒之下,劈头盖脸一顿臭骂。她不是心疼钱,怒的是老公居然瞒着自己——你给你妈钱我从没反对过,我这么大度了,你还偷着给,什么意思你?不想,多年忍辱负重的男人居然也怒了,说我就给了,怎么着吧?

一场恶战爆发,妹妹和妹夫赶去救火。姐姐本就强势,加上得理,一副咄咄逼人的态势。姐夫在这件事上说不出道理,却像揭竿起义的奴隶一样,痛陈这么多年的压抑和冤屈。因为姐妹俩都是说一不二的暴脾气,姐夫本以为妹夫肯定也和他一样一肚子怨气,期待得到他的理解和支持。不想妹夫却淡定得很,劝姐夫不要生气,说家有女领导,日子过得好,他跟老婆一直相处愉快。

姐姐就更得理,说:"你看人家那境界,再看你。"妹妹却站在了姐夫一边,偷偷对姐姐说:"不是他境界高,是我经常让着他。他背地里给他妈多少次钱了,我都装不知道,从没指责他一次。"

姐姐不解:"你怎么能惯他这毛病?"妹妹说:"谁没点私心呢?他不傻,不会把我们家存款都搬他妈那去,偶尔给点钱,无伤大体。他不说,有不说的道理,这些小事你随了他的意,大事他才心甘情愿听你的话。过日子不是体育比赛,要分毫必争,你适当让他小胜几次,他心里才舒坦,你们俩也才能过得顺当不是。"

这真是婚姻的智慧——姐妹俩,同样是女强男弱的家庭,其实幸福感和稳定性是完全不一样的,姐夫处在水深火热的忍耐和不快中,妹夫却轻轻松松自得其乐。妹妹的智慧在于,没有把所有的意愿都施加在对方身上,在自己取得决定性胜利的同时,也友情让对方有局部的小胜利。这样,对方就不会觉得自己是完完全全地受制于人,不会在心里积聚起抵触和逆反的负面情绪,才会顺顺当当地配合你好好过日子。

很多家庭都是一方极强一方极弱的组合。细心观察，这样的家庭如果真和睦的话，势必有强势一方的退让——他完全有能力控制你，让你完全执行他的意愿，但是他不那么做，他给你留了空间，让你也有机会达成自己的心愿。于是弱的一方，心理也是平衡的，不至于积压过多怨气。

婚姻关系的平衡，是长久斗争的结果，而这种斗争，需要彼此退让——即便你有能力完全让对方让步，也不该那么做。很多时候，能不能和该不该绝对是两回事。

说有一位大作家，每次交了书稿，都画上一只不伦不类的狗，坚持要放在书的最后一页。编辑每次都为了这只狗大伤脑筋，强烈要求去掉。争来争去，作家同意让步，去掉那只狗，但条件是不再对他作品的其他部分做任何改动。编辑无奈，只好同意。其实作家在意的哪里是那只狗，他只是不想让编辑修改他的作品。之所以搞出那只莫名其妙的狗，只是为了平衡编辑的心理，让编辑小胜，而他完胜。

其实婚姻里面哪有绝对的原则，有时候小妥协是为了大胜利。如果你锱铢必较局局必胜，最后迎来的很可能不是想象中的大满贯，而是脆弱关系的崩溃。让对方小胜几次，才能让婚姻安定团结、和谐发展。

图书在版编目（CIP）数据

愿你的生活，既有软肋又有盔甲 / 李月亮著. -- 兰州：读者出版社，2018.12
ISBN 978-7-5527-0555-3

Ⅰ.①愿… Ⅱ.①李… Ⅲ.①成功心理-通俗读物 Ⅳ.①B848.4-49

中国版本图书馆CIP数据核字(2019)第000856号

愿你的生活，既有软肋又有盔甲
李月亮 著

责任编辑	房金蓉
封面设计	胡椒设计
选题策划	京贵传媒
出版发行	读者出版社
地　　址	兰州市城关区读者大道568号（730030）
邮　　箱	readerpress@163.com
电　　话	0931-8773027（编辑部）
印　　刷	北京温林源印刷有限公司
规　　格	开本 880×1230 毫米　1/32 印张 9.5　字数 160 千　插页 2
版　　次	2019年3月第1版
印　　次	2019年3月第1次印刷
书　　号	ISBN 978-7-5527-0555-3
定　　价	48.00 元

凡本书出现印装质量问题，请与我们联系。
联系电话：010-6580 1127